AF368635

NOUVEAU SYSTÈME

DE

MINÉRALOGIE.

NOUVEAU SYSTÈME

DE

MINÉRALOGIE,

PAR J. J. BERZELIUS,

MEMBRE DE L'ACADÉMIE DES SCIENCES DE STOCKHOLM.

TRADUIT DU SUÉDOIS

SOUS LES YEUX DE L'AUTEUR, ET PUBLIÉ PAR LUI-MÊME.

A PARIS,

Chez MÉQUIGNON-MARVIS, Libraire pour la partie de
Médecine, rue de l'École de Médecine, n° 3, près celle de
la Harpe.

1819.

À MONSIEUR

RÉNÉ-JUSTE HAÜY,

DONT LE GÉNIE

A ÉLEVÉ LA MINÉRALOGIE

AU RANG DES SCIENCES.

Hommage du respect et de l'admiration
de

L'AUTEUR.

INTRODUCTION.

———

Le petit ouvrage que je soumets ici au jugement des savants français, fut publié en suédois il y a déjà quelques années, et la partie qui contient le développement des principes servant de base au nouveau système, parut à Stockholm dès 1814. Bientôt après, il fut traduit en Allemagne et en Angleterre. Alors M. Hausmann, célèbre professeur de minéralogie à Gœttingue, fit insérer dans le journal savant intitulé : *Gœttingische gelehrte Anzeigen*, une analyse de cet essai, accompagnée d'observations sur les principes qui y sont exposés. J'y répondis dans un Mémoire qui se trouve dans ce volume. La traduction anglaise du même ouvrage, fut faite malheureusement par quelqu'un qui n'a sans doute aucune notion de minéralogie, car elle est pleine d'erreurs; et dans beaucoup d'endroits, le sens de l'original est tout-à-fait défiguré. Elle parut cependant précédée d'une préface du docteur Thomson, qui assurait l'avoir confrontée à l'original, et qu'elle était parfaitement fidèle. Sur ce témoignage, le rédacteur du Journal de physique en fit faire une version en français, qui renferme naturellement toutes les fautes de la traduction anglaise. C'est donc par le désir de voir cet ouvrage jugé tel qu'il est, que j'ai publié une traduction d'après l'original suédois, et sans autres changements que la correction de quelques nombres, que j'ai tâché de rendre plus exacts; la substitution du résultat de nouvelles analyses à d'autres moins parfaites, et le remplacement de quelques exemples par d'autres mieux choisis.

Avant de faire l'énumération systématique des minéraux, j'ai donné un examen raisonné des principaux systèmes de minéralogie. Un grand nombre d'analyses ayant été faites depuis la première publication de ce mémoire dans le recueil qui paraît en suédois sous le titre de *Afhandlingari Fysik, Kemi och Mineralogi*, tom. IV, année 1815, j'ai été dans le cas de faire beaucoup d'additions et de corrections dans l'ordre méthodique des minéraux. En traitant de ces corps, j'ai joint à la plupart la formule minéralogique qui exprime leur constitution chimique. Je crois pouvoir garantir l'exactitude de plus des trois quarts de ces formules. Les autres ont besoin d'être vérifiées par de nouvelles analyses, principalement les sulfures triples, les silicates avec plus de deux bases, et quelques-uns même qui n'en ont que deux.

L'ouvrage se termine par des additions qui exposent, soit les motifs qui ont fait assigner telle place à tel minéral, soit les idées chimiques et les analyses qui ont servi de bases à la formule minéralogique.

Je ne demanderai pas un examen indulgent des idées que je présente. Celui qui cherche la vérité, se félicite de la connaître, même lorsqu'elle a été trouvée par la réfutation de ses erreurs; mais je réclamerai l'indulgence des savants pour ce qu'ils pourront trouver de défectueux dans une traduction faite par une personne qui a bien voulu entreprendre cette tâche peu facile, par amitié pour l'auteur, quoiqu'elle ne soit pas versée dans la science qui fait l'objet de cet ouvrage.

BERZELIUS.

DÉVELOPPEMENT

DÉVELOPPEMENT

DU NOUVEAU

SYSTÈME DE MINÉRALOGIE.

—

Le premier système minéralogique fut inventé par le besoin qu'avaient les amateurs de ranger leurs collections dans un certain ordre. L'invention de ce système eut lieu à une époque où l'on ne connaissait encore la composition d'aucun minéral, ou du moins de très-peu, et ne put avoir par conséquent pour base qu'un principe très-arbitraire. A mesure que les connaissances scientifiques se répandirent, on chercha à mettre les notions minéralogiques au niveau du progrès général des sciences. Linné essaya de ranger la nature inorganique d'après une classification analogue à celle qu'il appliquait avec tant de succès et de gloire aux productions de la nature organique. Wallérius et Cronstedt commencèrent à sentir l'influence que la chimie devait avoir dans l'établissement d'un vrai système minéralogique, et depuis que la chimie dans les derniers temps a augmenté avec un succès si étonnant ses prétentions à être regardée comme une science, on sent cette influence au point que les deux écoles dominantes, à l'époque actuelle en minéralogie, celle de Haüy et celle de Werner, reconnaissent l'une et l'autre, quoique avec des modifications différentes, la part qui revient à la chimie dans la création d'un système minéralogique.

La *minéralogie*, dans l'acception ordinaire du mot, est la connaissance des combinaisons non organiques entre les éléments, telles qu'on les trouve produites par la nature dans ou sur notre globe, ainsi que des formes différentes, et des divers mélanges étrangers avec lesquels ces corps se présentent.

La connaissance des combinaisons elles-mêmes, leur composition et leurs qualités chimiques sont indiquées par la chimie, de manière que la minéralogie considérée sous un rapport scientifique, ne peut jamais être regardée que comme une partie ou appendice de la chimie.

La chimie, considérée comme une science entièrement accomplie, doit nous donner la connaissance des éléments, de toutes les combinaisons qui sont possibles entre eux, ainsi que de toutes les formes sous lesquelles ces combinaisons peuvent se manifester.

Si nous nous représentons cette chimie accomplie, traitée d'après un ordre systématique,
elle doit non-seulement décrire les combinaisons que nos recherches ont trouvé avoir été
produites par la nature, mais aussi nous faire
connaître toutes celles qui, dans la suite, pourront être découvertes comme telles, de même
que celles qui à la vérité sont possibles, mais
qui ne pourront jamais être rencontrées comme
minéraux. Il faut que cette chimie, accomplie
au sujet de chaque composition, indique si elle
se présente comme minéral, et, en ce cas,
quelles sont les formes variées sous lesquelles
elle peut se présenter, les ingrédients étrangers
qui ont coutume d'altérer sa pureté, c'est-à-dire
qui peuvent s'y mêler mécaniquement, etc.; de
manière que le domaine de la chimie accomplie
comprendrait, outre nos laboratoires, le grand et
admirable atelier de la nature.

Figurons-nous maintenant une partie, une
branche, ou une espèce d'extrait de cette chimie
accomplie, renfermant tout ce qui concerne
les compositions que l'on trouve fossiles ; ce sera
là la *minéralogie accomplie.*

Il est hors des bornes du pouvoir de l'espèce humaine de donner à quelque science que
ce soit le caractère de la perfection : si un tel
résultat était possible, toutes les sciences fini-

raient par se fondre dans une seule. D'ailleurs la quantité de connaissances qu'un seul individu parvient à acquérir est si bornée, que, d'un côté, l'état imparfait des sciences , et, de l'autre, la nécessité de les répartir de manière que du moins l'espèce humaine entière puisse avoir en tout l'instruction générale à laquelle chaque individu ne saurait atteindre, nous forcent à traiter sous la forme de sciences particulières des objets qui appartiennent à la même branche de connaissances. Par un effet de cette circonstance, la minéralogie sera probablement toujours traitée comme une science particulière ; mais il est clair qu'elle doit marcher du même pas avec la chimie, et que chaque révolution dans les doctrines de celle-ci doit changer les doctrines de la minéralogie, de même qu'il est clair aussi que les découvertes dans le domaine proprement dit de la minéralogie , doivent servir à étendre les deux sciences.

Si néanmoins la minéralogie considérée en elle-même n'est qu'une partie de la chimie, il est clair qu'elle ne peut avoir d'autre base scientifique de classification que la base chimique, et que toute autre lui est étrangère lorsqu'on l'envisage comme science. La théorie et la disposition dominantes à telle ou telle époque dans la chimie, doivent par conséquent dominer également dans celles de la minéralogie, et si jusqu'à ce moment il n'en a pas été entièrement ainsi, il faut l'attribuer, d'un côté, au long retard du perfectionnement de la chimie, et de l'autre, à ce que ceux qui ont inventé des systèmes minéralogiques n'avaient pas préalablement pénétré avec la même ardeur et la même perspicacité dans le système chimique, et n'ont par conséquent pas aperçu la liaison nécessaire des deux genres de connaissances.

Mais on a souvent, dans des entretiens sur le mérite respectif des écoles de Haüy et de Werner, demandé aux partisans du premier : Le minéralogiste aura-t-il donc toujours besoin de l'analyse du chimiste pour examiner un minéral? Cette question fera toujours distinguer le collecteur de pierres du minéralogiste. Le premier ne cherche que des noms pour les minéraux, tandis que l'autre a besoin de connaître leur nature.

On réussit moins en minéralogie à faciliter l'examen des minéraux par l'arrangement d'après les caractères extérieurs, que dans l'histoire de la nature organique. Dans celle-ci règne une composition absolument semblable, avec la plus grande dissemblance dans les formes, lesquelles déterminent les caractères des corps organisés (ou animés).

Dans la nature morte domine au contraire une ressemblance générale dans les formes, avec de grandes variétés dans la composition. Les caractères des corps dépendent à la vérité entièrement de leur composition intérieure tant *qualitative* que *quantitative*, de manière qu'une différence dans la dernière en entraîne toujours une dans la première ; mais la chimie n'est pas encore assez avancée pour qu'elle puisse de l'une conclure à l'autre. Une classification minéralogique, fondée sur les caractères extérieurs et faciles à observer, est très-commode pour celui qui étudie la minéralogie sans le secours d'un maître plus expérimenté, ou d'une collection considérable, et qui a souvent besoin de chercher péniblement les noms de minéraux qui lui sont inconnus. Mais cette classification ne forme point un système scientifique, où la commodité n'entre jamais pour rien comme principe, et qui demande la plus grande exactitude que peut comporter le progrès de la science. C'est un grand avantage que de pouvoir allier l'exactitude et la commodité ; mais lorsque cela ne se peut, la première ne doit pas être sacrifiée à l'autre. Si donc l'arrangement scientifique de la minéralogie ne permet pas le plus grand degré de facilité dans l'examen des minéraux, un système uniquement basé sur celle-ci ne saurait prétendre à autre chose qu'à être placé pour la commodité, après le vrai système, comme une table à la fin d'un livre.

Par l'influence de l'électricité sur la théorie de la chimie, cette science a subi une révolution, et les points de vue qu'elle embrasse ont été étendus et rectifiés d'une manière plus importante pour l'ensemble qu'il n'était jamais arrivé auparavant ni par la doctrine de Stahl, ni par celle de Lavoisier. L'influence de la théorie électro-chimique s'étend même à la minéralogie, dont elle doit servir à développer les doctrines aussi bien que celles de la science mère, quoiqu'on ne soit point parvenu jusqu'ici à faire aucun essai de l'application de cette théorie à la minéralogie.

C'est par la théorie électro-chimique qu'on a appris à chercher dans les corps composés les ingrédients ou parties constituantes ayant les qualités électro-chimiques opposées; et cette théorie nous a fait connaître de plus que les combinaisons sont liées avec une force proportionnée au degré d'opposition qui existe dans la nature électro-chimique des ingrédients. Il résulte de là, que dans chaque corps composé, il se trouve un ou plusieurs ingrédients électro-positifs, ainsi qu'un ou plusieurs qui sont

électro-négatifs (1) ; ce qui veut dire, lorsque la
composition consiste en oxides , qu'à chaque
corps qui, dans la composition, constitue ce que
nous appelons une base , doit répondre un autre
corps qui joue le rôle d'un acide, quand même ce
dernier, dans son état isolé , n'aurait pas les caractères généraux qui distinguent les acides
forts , c'est-à-dire, quand même il n'aurait pas le
goût acide , et qu'il ne réagirait pas sur les couleurs végétales comme feraient d'autres acides.
Un corps qui , dans tel cas, est électro-négatif
relativement à un autre plus fortement électro-positif, c'est-à-dire , qui est un acide relativement à une base plus forte, peut, dans tel autre cas,
être électro-positif relativement à un corps plus
fortement électro-négatif , c'est-à-dire , peut se
combiner comme base avec un acide plus fort.
Ainsi, par exemple , dans la combinaison de

(1) Je dois avertir ici une fois pour toutes, que des réflexions postérieures m'ont engagé à faire ce changement
dans les dénominations, dont j'ai déjà dit quelque chose
dans mon Essai sur la Nomenclature et sur le Système
électro-chimique. (*Journal de physique*, année 1811, oc-
tobre ; *Mém. de l'acad. des sciences de Stockholm*, 1812,
part. I.) Par électro-positifs, on doit donc entendre ici des
corps inflammables et des bases salifiables ; et par électro-
négatifs, l'oxygène et les acides qui se portent au pôle
positif de la pile.

deux acides, l'acide plus faible sert de base à l'acide plus fort.

Toute combinaison de deux ou plusieurs oxides a donc la nature d'un sel, c'est-à-dire, qu'il a son acide et sa base, desquels, lorsqu'on se représente la combinaison décomposée par la pile, le premier se portera vers le pôle positif, et l'autre vers le pôle négatif. Ainsi dans chaque minéral composé de corps oxidés, qu'il soit de nature terreuse ou saline évidemment reconnue. nous devons rechercher les ingrédients tant électro-négatifs qu'électro-positifs, et après avoir trouvé la nature et la quantité de ceux-ci, l'application critique de la théorie chimique nous dira ce qu'est le minéral dont il s'agit.

La combinaison la plus ordinaire d'oxides parmi les minéraux, est celle qui en contient trois, dont deux servent de base et le troisième d'acide, et moins fréquemment deux acides et une base, ressemblant aux deux classes des doubles sels, que nous connaissons par la chimie. Il n'est pas rare qu'il y ait même trois ou quatre bases pour un acide ; mais il est très-rare que l'on trouve une combinaison chimique de deux bases, étant unie chacune à un acide différent : si, dans ces combinaisons, on suppose une soustraction de l'oxygène qu'elles contiennent, il en résulte des combinaisons analogues entre les radicaux inflammables ; et lorsqu'aucun de ceux-ci ne possède une très-forte affinité pour l'oxigène, comme par exemple le fer, le plomb, l'argent, l'antimoine, l'arsenic et le soufre, il arrive très-souvent que la nature produit la combinaison, tantôt inflammable, tantôt oxidée.

Si maintenant, avec ces idées théoriques, nous passons en revue les productions du règne minéral, quelle lumière il en jaillit au premier coup d'œil sur les masses formées de différents métaux unis entre eux ou avec le soufre, ou de diverses terres et d'oxides métalliques ! L'ordre paraît dans ce chaos apparent, et la minéralogie devient une science. Nous découvrons aussitôt une grande classe de minéraux, dont la nature, semblable aux sels, avait été pressentie quelquefois par les chimistes, mais sans qu'ils eussent fait d'autre usage de ces pressentiments. Cette classe est formée par les minéraux dans lesquels la silice prend la place de l'acide, et renferme des variétés nombreuses de sels simples, doubles, triples et quadruples, à différents degrés de neutralité, ou avec excès d'acides ou de base. De la même manière on découvre des classes moins étendues, où l'oxide de titane, celui de tantale et plusieurs autres oxides métalliques non regardés jusqu'ici comme des acides, jouent le rôle d'acides,

de manière que toute l'immense série des minéraux terreux peut être classée d'après les mêmes
principes que les sels.

Le résultat de ces réflexions naturelles et simples me paraît pouvoir devenir le pas le plus
important que la minéralogie ait jamais fait vers
son perfectionnement comme science.

Pendant les cinq dernières années, la chimie a
reçu d'un autre côté un développement plus élevé,
par la doctrine des proportions chimiques, qui
doit donner à la minéralogie la même certitude
mathématique, si je puis parler ainsi, qu'elle
donne et qu'elle a déjà donnée en partie à la
chimie. Personne, en raisonnant conséquemment,
ne pourra se représenter que les lois chimiques
qui se sont déjà confirmées dans nos laboratoires
par des expériences variées, ne soient également
applicables dans le grand ensemble de l'univers.
C'est la même nature qui agit par-tout, ce sont
les mêmes lois qui règlent ses opérations, soit
qu'elles soient dirigées quelquefois par le travail de l'homme vers un certain but, soit qu'elles
soient déterminées dans le sein de la terre par le
libre cours de circonstances variées à l'infini. Si
donc l'analyse chimique de beaucoup de minéraux
n'a pas justifié jusqu'ici l'application des proportions chimiques à la minéralogie, la cause ne peut
en être attribuée au défaut d'exactitude de l'appli-

tion des lois, mais à l'imperfection de nos moyens;
imperfection qui, en dépit de nos plus grands
soins, succombe à des difficultés que nous apercevons quelquefois, mais qui aussi échappent
souvent à notre attention ; cependant nous ne
manquons pas d'un grand nombre d'analyses,
dont le résultat s'accorde parfaitement avec les
proportions chimiques, ou qui s'en approchent
de si près, que les différences peuvent avec raison
n'être regardées que comme des erreurs d'observation difficiles à éviter.

J'essaierai principalement ici de diriger l'attention des lecteurs vers les circonstances qui
contribuent le plus à empêcher de saisir les
proportions chimiques en minéralogie, parce
que je crois qu'il n'est pas impossible qu'en observant toutes ces circonstances avec le soin
nécessaire, on ne parvienne enfin au point que
chaque analyse conduite avec réflexion donne
un résultat concordant avec les proportions chimiques.

1) La première de ces circonstances est le défaut
de précision dans l'analyse, défaut qui se rencontre quelquefois même dans les ouvrages de
nos plus grands maîtres. Celui qui jette un coup
d'œil sur la moins difficile des analyses, celle
des sels et la différence des résultats qu'elle a
donnés, avant que la doctrine des proportions

chimiques fût établie, et fît sentir la nécessité de recourir aux expédients auparavant non employés, pour acquérir le plus haut degré de certitude, ne trouvera assurément pas étonnant que l'analyse des diverses productions minérales composées n'ait pas pu atteindre une plus grande certitude de résultats. Si nous comparons par exemple les analyses que nos plus grands chimistes ont données du sulfate de baryte, ou du muriate d'argent, ou du phosphate de plomb, et d'autres substances dont il est à présumer qu'elles ont été soumises à l'analyse dans le même degré de pureté, nous trouvons que les résultats de ces analyses s'éloignent beaucoup non-seulement l'une de l'autre, mais aussi des proportions que nous regardons maintenant comme exactes. Si la même chose avait lieu relativement à beaucoup d'analyses minérales dont nous ne pouvons au surplus être certains qu'elles ont été faites sur des minéraux chimiquement identifiques, on ne saurait en tirer aucune conclusion contre l'exactitude de l'application des proportions chimiques à la minéralogie. Le premier obstacle se trouve par conséquent dans la difficulté de faire une analyse minéralogique, de manière que le résultat réponde entièrement aux justes proportions. C'est cependant le moins difficile à écarter.

II) Un obstacle plus important, c'est la difficulté, pour ne pas dire l'impossibilité, de jamais obtenir dans le règne minéral une combinaison pure et dégagée d'ingrédients étrangers accidentellement mêlés dans sa masse en molécules non appréciables ; c'est ce que l'on saisira encore plus clairement en jetant un coup d'œil sur la formation des minéraux. Nous les rencontrons ou cristallisés, c'est-à-dire, ayant passé d'une forme liquide à un état solide lentement et régulièrement, ou ayant été séparés rapidement, et n'ayant formé que des grains cristallisés, comme par exemple le marbre de Carrare, le lépidolithe d'Utoe, ou enfin ayant été précipités du fluide qui les contenait, sans prendre de forme cristallisée. Ces précipités se sont ensuite endurcis et réunis en masses fréquemment composées de combinaisons différentes, et souvent entremêlées de cristaux qui se sont formés en même temps. Il est clair d'après cela que les masses de pierres formées de précipités durcis, ne peuvent donner par aucune analyse des résultats coïncidants avec les proportions chimiques, excepté quelquefois peut-être dans les cas où de pareils précipités ne contiendraient accidentellement qu'une seule combinaison, ce dont il ne manque pas d'exemple. Mais la doctrine des proportions chimiques appliquée à l'analyse de ces minéraux , nous fera connaître de quel différent mélange de combinaisons la masse amorphe est composée.

D'un autre côté, nous pouvons attendre des résultats plus satisfaisants de l'analyse des minéraux régulièrement cristallisés , quoiqu'il arrive rarement qu'un cristal, quelque régulier et transparent qu'il soit, ne contienne pas quelque ingrédient étranger. Qu'il nous soit permis un moment de suivre un raisonnement qui, par la comparaison des expériences de nos laboratoires , sur les dissolutions des sels, nous conduise à ce qui, dans des circonstances analogues, peut avoir eu lieu dans le sein de la terre (1). Nous

(1) Cet exemple est principalement tiré des solutions dans l'eau, quoiqu'il soit également applicable aux autres liquides mélangés cristallisants. L'opinion que les minéraux ont été produits par l'action d'une température très-élevée, et d'un refroidissement subséquent, n'a pas encore perdu tous ses partisans, quoiqu'un simple cristal décrépitant, une simple pétrification soit une preuve incontestable pour tous ceux qui peuvent sentir ce qui est prouvé par leur existence. Il est vrai, d'un autre côté, que l'on trouve souvent des cristaux qui, en conformité de ce qui a été admis jusqu'ici théoriquement, ne peuvent avoir été dissous dans l'eau, par exemple, les sulfures et les arséniures métalliques. Mais il faut se rappeler que dans les dissolutions qui ont eu lieu sous la surface de la terre, il y a un agent dont nous ne pourrons jamais disposer de la même manière dans nos

voyons, par exemple, que lorsque le salpêtre se forme de la dissolution mélangée obtenue par la lessive des terres salpêtrées, les cristaux sont réguliers, mais de couleur brune et contenant du sel marin. Aucun chimiste n'a jamais cru que ni la couleur brune, ni le sel qu'ils contiennent pussent appartenir aucunement à la composition chimique du salpêtre; nous les regardons généralement comme des ingrédients étrangers dérivant de la solution dont le salpêtre s'est évaporé. Il est connu aussi que plus la dissolution a cristallisé lentement, et plus elle a formé de grands cristaux, plus le sel cristallisé peut être impur. La même chose doit avoir lieu dans le sein de la

expériences, c'est l'électricité; et ce qui, dans nos laboratoires, est produit pendant un jour ou deux tout au plus, demande, dans le sein de la terre, des siècles pour son développement. Les masses mélangées du globe, traversées et pénétrées de toutes parts par l'eau, produisent une multitude de circuits électriques qui se croisent dans tous les sens, sans se gêner mutuellement dans leur opération, comme la lumière rayonnante dans l'atmosphère, et déterminent cette activité éternelle par laquelle la masse intérieure de la terre éprouve par degrés des changements continuels, des destructions et des formations nouvelles. Des cristallisations, des dissolutions, des réductions, des oxidations s'y produisent incessamment sous des formes et sous des rapports que l'art, incapable de disposer de même des forces agissantes, ne sera peut-être jamais en état d'imiter.

terre lorsque les minéraux se cristallisent dans
des solutions mélangées. La substance dont la
solution contient le plus , et de laquelle elle est
saturée , forme le cristal. Mais ce cristal renfermant entre ses lames des parties de la dissolution,
est par là rendu impur et souvent en reçoit une
couleur qui ne lui appartient absolument pas.
C'est là la cause pourquoi un grand nombre
de minéraux qui, à juger de leurs ingrédients particuliers , devraient être incolores, sont rouges,
jaunes , bleus, et verts ; couleurs qui dérivent de
la présence d'une petite quantité d'autres minéraux qui s'y trouvent mêlés , et qui sont ordinairement si bien divisés , qu'ils diminuent à
peine d'une manière sensible la transparence du
cristal. De là il arrive aussi que nous trouvons
dans l'analyse des minéraux les mieux cristallisés
deux, trois ou plusieurs ingrédients qui ne montent
pas à plus d'un pour cent, quelquefois même
à moins, et qui, selon tout ce qu'on peut avoir
lieu de croire, n'ont pas appartenu à la composition du minéral plus que le sel marin et la
substance colorante n'appartiennent au salpêtre.
Il est clair que, lorsque le résultat de l'analyse
doit être jugé d'après la doctrine des proportions
chimiques , les substances étrangères doivent en
être soustraites. Mais il survient encore ici une
autre difficulté : c'est que nous ne pouvons dé-

terminer si quelques parties des substances considérées comme ingrédients principaux, n'appartiennent point aux corps étrangers qu'il faut
retrancher. Une connaissance complète des minéraux dont les substances analysées sont accom-
pagnées, peut aussi être utile pour nous aider
à déterminer le véritable résultat analytique.

3° Une autre circonstance à laquelle on a fait
jusqu'ici moins d'attention, c'est que lorsqu'une
dissolution de deux ou plusieurs combinaisons
est saturée avec quelques-unes d'elles, et commence à déposer des cristaux, il arrive souvent
qu'une particule, ou molécule d'un composé est
déposée à côté, ou avec plusieurs molécules d'un
autre composé, de manière que par leur réunion
elles constituent un cristal qui pour la forme, la
couleur, la transparence et la pesanteur spécifique, diffère entièrement autant de la substance
dont sa principale masse est formée, que de celle
qui est mêlée à la première, le dernier ingrédient n'allant souvent pas à un pour cent, lorsque quelquefois il se porte au delà. La quantité
relative des substances qui s'associent dans la
composition de ces cristaux paraît, autant que
s'étendent nos expériences, dépendre entièrement de la quantité de chacune de celles, que
le liquide est prêt à déposer au moment de la
cristallisation. La chimie peut citer plusieurs

exemples pareils, comme la cristallisation du sel commun en octaèdre, et celle du sel ammoniac en cubes dans l'urine, la cristallisation simultanée du nitrate et de l'arséniate de plomb, lorsqu'une dissolution de ce dernier sel dans l'acide nitrique est évaporée.

Nous en avons un autre exemple remarquable dans le sel ammoniac cristallisé dans une solution saturée de muriate d'oxide de fer ; le sel cristallise en cubes transparents réguliers d'un rouge de rubis foncé, dans lesquels la proportion d'oxide de fer souvent ne va pas au delà d'un pour cent et demi.

La dissolution de ces cristaux dans l'eau est presque incolore ; le sel ammoniac se cristallise ensuite comme d'ordinaire par l'évaporation, et l'on ne trouve plus dans l'eau mère qu'une trace de muriate d'oxide de fer. Il y a encore un exemple de sels, de nature très-différente, cristallisant ensemble dans le liquide qui restait après le procédé usité en Irlande pour faire de l'oxi muriate de chaux. (Wilson, dans les Annales de Thompson, page 365.) Le cristal est composé de sulfate de soude, de muriate de manganèse et d'environ $1\frac{1}{2}$ p. c. de muriate de plomb. Ces sels ne peuvent exister emsemble, excepté dans une solution acide, semblable à celle dont ils se sont déposés, et ils se décomposent mutuellement lorsqu'on les dissout dans l'eau pure.

Je suis persuadé qu'il en est ainsi de beaucoup de minéraux cristallisés, et jusqu'ici cet objet a été fort peu examiné; ainsi par exemple, il paraît-à-peu-près certain d'après l'analyse de Stromeyer, que la forme des cristaux d'arragonite, sujet si remarquable de discussion, et qui diffère fort de la forme des cristaux de carbonate de chaux, est due à une formation environ semblable. Des molécules de carbonate de strontiane avec leur eau de cristallisation s'étant jointes dans un certain ordre à des molécules de carbonate de chaux, donnent naissance à une forme secondaire, qu'on ne saurait dériver uniquement de la forme primitive du carbonate de chaux pur. On peut comprendre par là comment l'arragonite contient une aussi petite quantité d'eau combinée chimiquement, d'un demi à trois quarts, ou d'un par cent., dont la soustraction détruit sa transparence, car cette quantité d'eau dépend de celle du carbonate de strontiane auquel elle appartient probablement comme eau de cristallisation.

Il n'est pas douteux néanmoins qu'il n'y ait encore beaucoup de difficultés à craindre dans les procédés pour porter les analyses des minéraux, et par conséquent les conclusions qu'on peut en tirer, à la plus grande perfection possible.

J'ose cependant espérer que ces difficultés ne seront pas insurmontables.

Il reste maintenant à dire quelques mots sur la détermination du résultat *quantitatif* des analyses minérales, et sur la répartition exacte des parties constituantes des minéraux. Il est évident que si dans l'examen de la composition d'un sel, de l'alun par exemple, nous nous bornions à le considérer comme composé de potassium, d'aluminium, de soufre, d'hydrogène et d'oxigène, nous ne pourrions retirer sous le rapport scientifique qu'un très-petit avantage de cette détermination ; nous approchons un peu plus de la nature du composé, lorsque nous le considérons comme formé d'acide sulfurique, d'alumine, de potasse et d'eau. La composition de ce sel avait été long-temps regardée comme telle par les chimistes, et c'est de là qu'il avait reçu le nom de sel triple, ou de sel composé de trois ingrédients principaux. Un second pas vers une connaissance plus parfaite de la nature de l'alun, était de le considérer comme composé de sulfate de potasse et de sulfate d'alumine, avec de l'eau de cristallisation, ce qui l'a fait nommer un sel double. Enfin en dernier lieu la théorie des proportions chimiques, a achevé, si je puis parler ainsi, le complément de nos connaissances sur la nature de ce sel, en nous faisant connaître qu'il est composé d'une molécule de sulfate de potasse, de deux de sulfate d'alumine, et de vingt-quatre d'eau de cristallisation.

Les chimistes ont long-temps considéré les pierres comme composées de diverses terres sans les réunir en combinaisons binaires et sans s'apercevoir de leurs proportions définies, de même qu'ils avaient fait à une epoque peu éloignée pour les parties constituantes de l'alun. Depuis le développement de la théorie électro-chimique et les lois des proportions, il est devenu nécessaire d'entreprendre d'éclaircir de même scientifiquement la nature des minéraux. Nos devanciers, et parmi eux au premier rang l'excellent Klaproth, nous ont préparé, par leurs différentes analyses, beaucoup de matériaux pour ce travail, quoique l'entier accomplissement de l'entreprise, ne puisse être le résultat que de travaux futurs dirigés entièrement vers l'objet avec tout le soin possible pour obtenir la plus grande exactitude, sans quoi le but ne sera jamais atteint.

C'est principalement l'examen de la classe minérale dans laquelle la silice est l'ingrédient électro-négatif, c'est-à dire joue le rôle d'acide, qui répand le plus grand jour sur le reste de la minéralogie, parce que cette classe est la plus nombreuse, et que ce qui lui est appliqué peut l'être naturellement et sans difficulté à d'autres classes qui ne sont pas encore bien connues. Je la désignerai par le nom général de *silicates*.

Dans mon *Essai pour établir un système électro-chimique*, avec une nomenclature appropriée (Journal de Physique, ann. 1811), j'ai fait mention des combinaisons de silice avec les autres oxides, comme de sels que j'ai nommés silicates, Il eût sans doute été prématuré alors d'essayer de diriger davantage l'attention vers les silicates minéralogiques, parce que le cahos où se trouvaient ces derniers, eût servi plutôt à prévenir contre de pareilles idées, sur-tout comme la nature de ce traité ne comportait pas une exposition plus étendue du sujet. J'ai appris depuis, avec une vraie satisfaction que M. Smithson, l'un des minéralogistes les plus expérimentés de l'Europe, sans avoir eu connaissance de mon Essai, a publié une idée semblable dans un Mémoire sur la nature de la natrolite et de la mésotype. On ne pourra disconvenir qu'une pareille coïncidence dérivée d'une part de la chimie seule, et de l'autre d'un point de vue d'analyse minéralogique, ne fournisse une preuve très-forte de la justesse de l'idée, ce qui me fait espérer qu'aucun minéralogiste, au courant de l'état actuel de la chimie, ne conservera des doutes.

La silice considérée comme un acide, a la propriété de former des silicates de plusieurs degrés différents desaturation. Les plus communs sont ceux dans lesquels la silice contient la même quantité d'oxigène que la base avec laquelle elle est combinée ; je leur donnerai le nom latin de *siliciatés*. Ceux qu'on rencontre ensuite sont distingués en ce que la silice contient trois fois l'oxigène de la base. Je les nommerai *trisiliciatés* ; il arrive aussi assez souvent qu'ils contiennent deux fois l'oxigène de la base ; ce seront les *bisiliciatés*. La silice produit également un grand nombre de combinaisons avec un excès de base à différens degrés de saturation, ce que je désignerai dans la nomenclature par les termes de *bi*, *tri*, etc.; par exemple, *silicias bi-aluminicus tri-aluminicus* annoncent que la base, c'est-à-dire l'alumine, contient deux ou trois fois l'oxigène de la silice.

La silice, ainsi que les autres acides, donne aussi des silicates doubles en partie avec, en partie sans eau de cristallisation. On trouve le plus fréquemment que les bases ayant une tendance à produire les sels doubles avec d'autres acides, en font autant ici ; ensorte que dans les doubles silicates nous trouvons encore, quoiqu'il se présente quelques exceptions, les mêmes proportions entre les bases comme dans les autres

sels doubles de ces mêmes bases déjà connues.
Ainsi, par exemple, si dans le feld-spath commun on changeait le silicium en soufre, on aurait l'alun anhydre.

Mais la nature dans ses riches réservoirs, où se trouve un si grand nombre de silicates, qui peuvent obéir sans aucune résistance au plus faible degré d'affinité, presente aussi un grand nombre de combinaisons encore plus variées, qui n'ont que peu ou point d'analogues dans les produits de nos laboratoires. Ainsi, par exemple, on trouve des silicates avec trois ou quatre, et peut-être même d'après des expériences qui seraient plus étendues, encore plus de bases, qui toutes constituent une combinaison commune et dont la forme régulière cristalline semble rendre évident qu'elle peut être regardée comme un tout chimique, à moins qu'il ne soit prouvé dans la suite par les circonstances que de pareils corps appartiennent à la classe des cristaux, qui sont formés de différentes substances juxta-posées, mais non combinées chimiquement. Dans ces cas, il arrive souvent que les silicates combinés ne sont pas au même degré de saturation, mais qu'une ou plusieurs des bases les plus faibles sont des *sous-silicates* ou des *silicates*, en même temps qu'une ou plusieurs des plus fortes sont des *bi* ou *tri-silicates*. C'est au moins ce que

les analyses paraissent indiquer maintenant.
L'impossibilité où nous nous trouvons de produire de semblables combinaisons dans nos laboratoires vient évidemment de ce que nous ob-
tenons d'ordinaire nos résultats par l'application
de circonstances momentanées qui agissent d'une
manière trop rapide et trop violente pour per-
mettre l'influence des affinités les plus faibles.

J'ai eu aussi l'occasion de me faire cette question : Peut-on croire que dans une telle combinaison, lentement formée, des silicates de même
base, mais à différents degrés de combinaison,
puissent être unis avec des silicates d'une autre
base, de manière à former une combinaison chimique? Par exemple, une molécule de silicate
de potasse peut-elle être unie avec deux molécules de silicate d'alumine, et deux molécules
de *sous-silicate* d'alumine? Des raisons théoriques me conduisent à regarder un pareil effet
comme peu probable. Ainsi, il est à croire que
lorsqu'un semblable cas se présente, il faut considérer le minéral comme un mélange endurci
de deux silicates en différents états de saturation,
comme si l'on avait fait évaporer à sec une solution d'un sel neutre, mêlée d'un sous-sel
de la même base. Telle est, par exemple, la
composition de l'agamaltolithe, d'après l'analyse de John. Cependant on doit laisser la so-

lution de cette difficulté à une expérience future.

Pour mettre mes lecteurs en état de juger jusqu'à quel point ces idées théoriques peuvent être vérifiées, je vais ajouter quelques exemples relatifs à différents silicates.

A. EXEMPLES DE SILICATES SIMPLES.

1. *Trisilicate de chaux*. Une pierre d'Aedelfors, analysée et décrite par Hisinger (Afhandlingar i Fysik, Kemi och Mineralogie, tome I, page 188). Elle est composée de

	Résultat obtenu.			Résultat calculé.
Silice. . . .	57.77. }	contenant {	29.1. *3*	58.00.
Chaux. . . .	35.00. }	oxigène {	9.8. *1*	34.77.
Alumine . .	1.33.			
Oxide de fer.	1.00.			
Perte. . . .	3.85.			

Les chiffres en italique de la droite indiquent l'unité et les multiples de l'unité ; les derniers nombres indiquent les résultats calculés de l'analyse (1). Maintenant si nous calculons l'analyse

(1) Pour faire ces calculs, il faut connaître la quantité d'oxigène qui se trouve tant dans la silice que dans les alcalis et les terres. J'ai tâché de la déterminer par des expériences exactes, que l'on trouvera décrites tant dans les annales de chimie que dans les annales de chimie et de physique. Voici le résultat de ces expériences : 100 parties des substances suivantes contiennent de l'oxigène :

La silice . . . . 50.3 parties

de ce minéral, nous trouverons que la quantité d'oxigène de la chaux est 9.8, qui, multipliée par 3 = 29.4, ce qui diffère très-peu de 29.1, qui est la quantité d'oxigène dans la silice obtenue par l'analyse. Quant aux autres ingrédients du minéral ils sont évidemment étrangers à sa constitution chimique.

2° *Bisilicate de chaux.* Spath en tables, analysé par Klaproth, Beyt. III. 291.

$$\begin{array}{l}\text{Silice } 50. \\ \text{Chaux } 43 \\ \text{Eau } \quad 5.\end{array} \left.\right\} \text{contenant oxigène.} \left.\right\} \begin{array}{lll} 25.15. & 2. & 6 \quad 50.1. \\ 12.6 & 1. \text{ ou } 3 & 44.9. \\ 4.4 & \frac{1}{3} & 1 \quad 5.0. \end{array}$$

La silice est ici combinée avec une fois $\frac{1}{2}$ autant de chaux, que dans le minéral précédent, et contient par conséquent deux fois l'oxigène de la base. L'eau contient très-près de $\frac{1}{3}$ de l'oxigène de celle-ci, mais des expériences que j'ai eu occasion de faire avec ce minéral m'engagent à considérer l'eau comme accidentelle. J'ai examiné

L'alumine. . . . . 86.71.

La glucine . . . . 31.17.

L'yttria . . . . 19.90.

La magnésie . . . . 38.71.

La chaux . . . . 28.09.

La strontiane . . . . 15.43.

La baryte . . . . 10.43.

La potasse . . . . 16.93.

La soude. . . . . 25.58.

Le lecteur trouvera plus de détail à ce sujet dans la suite de cet ouvrage.

des échantillons très-purs de spath en tables qui n'en contenaient point du tout.

3° *Silicate d'alumine.* Népheline, analysée par Vauquelin, Bullet. de la Soc. philom., an V, p. 12.

Silice	46. } contenant	{ 23.15.	45.75.
Alumine	49. } oxigène	{ 22.90.	49.25.
Chaux	2.		
Oxide de fer	1.		

En admettant·que le petit excès de silice ait été combiné avec la chaux, et que cette combinaison n'y fût qu'un ingrédient accidentel, l'analyse et le calcul s'accordent parfaitement.

4° *Silicate de zinc.* Oxide de zinc électrique. Calamine, analysée par M. Smithson, Philos. Transact., 1803. Il a donné

Silice	25,0. }	contenant	{ 12.56	3.
Oxide de zinc	68.3. }	oxigène	{ 13.55.	3.
Eau	4.4. }		3.88	1.
Perte . . .	2.3.			

Il paraît que la silice et l'oxide de zinc doivent contenir la même quantité d'oxigène, et que l'eau, qui est une partie constituante de ce minéral, contient $\frac{1}{3}$ autant d'oxigène que l'oxide de zinc. Le petit écart du résultat de l'analyse de ces rapports est dû à la présence d'une petite quantité d'un oxide inconnu à l'époque où l'on fit cette analyse, et qui contient beaucoup moins d'oxigène que l'oxide de zinc, c'est-à-dire celui de cadmium. Cependant le silicate de cadmium n'y est qu'un ingrédient accidentel, puisqu'il y a des calamines qui n'en contiennent pas une trace.

5° *Bisilicate de manganèse.* Oxide de manganèse silicifère rouge. Mon Analyse, dans Afhandlingar i Fysik, etc., t. IV, p. 384.

Silice. . . . . . 48.o.	contenant d'oxigène	21.6.2. 40.7.	10.5.1. 46.8.
Oxidule de manganèse 44.oo.			
Chaux . . . . . 3.12.		1.1.	
Oxide de fer . . , 0.22.			
103.76.			

Il paraît très-probable que le bisilicate de chaux n'appartient pas à la constitution de ce minéral. En défalquant les 5.24 p. de silice qu'il faut pour former le trisilicate avec la chaux, il en reste 42.76 p. pour l'oxidule de manganèse, ce qui s'accorde presque entièrement avec le résultat calculé.

6° *Silicate de manganèse.* Oxide de manganèse silicifère noir de Klapperud. Analysé par Klaproth, Beyt., t. IV, p. 138.

Oxide noir de manganèse 6o.	réduit à oxidule de manganèse contient d'oxigène	— 12.0.	1.	59,36.
Silice . . . 25.	contiennent d'oxigene	— 12.6.	1.	25.89.
Eau . . . . 13.		— 12.4.	1.	14.75.

Klaproth trouve que ce minéral, malgré sa couleur noire se dissout aisément par l'acide nitrique, d'où il est clair qu'il doit contenir l'oxi-

dule de manganèse, et que dans ce cas toutes ses
parties constituantes doivent contenir la même
quantité d'oxigène. Aussi le résultat calculé d'a-
près cette supposition ne s'écarte-t-il que fort peu
du résultat trouvé.

7° *Trisilicate de fer*. Hedenbergite de Tunaberg. Analysé et décrit par L. Hedenberg,
Afhand-l. i Fysik, t. II, p. 169. Il contient

```
Silice .   .   .   .   .   40.62.  ⎫             ⎧ 20.50.  3.  42.1.
Oxidule de fer (1)   32.53.  ⎬ contenant   ⎨  7.40.  1.  31.0.
Eau   .   .   .   .   .   16.05.  ⎭  oxigène    ⎩ 14.12.  2.  15.9.
Carbonate de chaux   4 93.
Oxide de manganèse   0.75.
Alumine   .   .   .   .   0.37.
```

8° *Silicate de cérium*. Cérite. Analysé par
Hisinger, Afhand-l. i Fysik, etc., t. III, p. 283.

```
Silice .   .   .   .   .   18.0.  ⎫ contenant  ⎧ 9 05.  1.  18.45.
Oxidule de cérium 63.3.  ⎭  oxygène   ⎩ 9.36.  1.  62.85.
```

Comme ce minéral se dissout dans l'acide muriatique sans production de gaz oximuriatique,
et comme l'oxide dans l'état où on l'obtient par
l'analyse, donne du gaz oxi-muriatique, quand
il est traité par l'acide muriatique, il est clair
que le minéral doit contenir l'oxidule de cérium.
Il est probable qu'il doit sa couleur à de l'oxide

(1) Le Mémoire de Hidenberg porte 35.25 pour cent, déterminés
sur l'oxide chauffé avec de l'huile, ce qui correspond à 32.53 pour
cent de l'oxidule.

de fer qui entre dans sa composition pour environ 2 pour cent.

B. EXEMPLE DE DOUBLES SILICATES.

1° *Sésilicate de potasse avec trisilicate de chaux.* Ichtyophtalme, Apophyllite. Mon analyse, Afhand. i Fysik, etc., t. VI, p. 188.

Silice	52.90.		26.650	30	53.18.
Chaux	25.20.	contenant	7.080	8	25.40.
Potasse	5.27.	oxigène	0.893	1	5.26
Eau	16.00.		14.120	10	16.16.

Ainsi ce minéral est un sel double de chaux et de potasse, dans lequel la première contient 8 fois autant d'oxigène que la seconde ; la silice y est distribuée entre les bases d'une manière inégale ; $\frac{1}{5}$ est combiné avec la potasse et contient 6 fois l'oxigène de la potasse. Les $\frac{4}{5}$ sont combinés avec la chaux, et contiennent 3 fois l'oxigène de la chaux. Ce sel double est donc composé d'une molécule de sésilicate de potasse avec 8 molécules de trisilicate de chaux, et enfin avec 16 molécules d'eau. Ces sels doubles où l'une des deux bases combinées est plus saturée avec la substance qui joue le rôle d'acide, que l'autre, sont très-communs dans la Minéralogie. Ils se produisent fort rarement dans les expériences de nos laboratoires ; j'ai cependant réussi à en produire un, composé d'une molécule de bicarbonate de potasse et de deux de carbonate de magnésie. J'ai donné la description de l'analyse dans les Afhand-l. i Fysik, kemi och Mineralogi, VI, 6.

2° *Bisilicate de magnésie et de chaux.* Malacolite de Longbans-hyttan, analysé par Hisinger. Afhand-l. i Fysik, III, 3oo.

			contenant oxigène			
Silice	. . . . .	54.18.		27.2.	4.	53.3.
Chaux	. . . . .	22.72.		6.36.	1.	23.9.
Magnésie	. . . .	17.81.		6.9.	1.	17.7.
Oxide de fer	. . .	2.18.				
Oxide de manganèse		1.45.				
Substances volatiles		1.20.				

Ce minéral est donc composé d'une molécule de bisilicate de chaux et d'une de bisilicate de magnésie.

3° *Silicate de fer et d'alumine.* Almandine, grenat ordinaire, analysé par Hisinger, Afhand-l. i Fysik., IV, 32o.

			contenant oxigene		
Silice	. . . .	39.66.		19.86.	37.23.
Oxidule de fer	. .	39.68.		9.04.	41.20.
Alumine	. . . .	19.66.		9.40.	20.37.
Oxide de manganèse		1.80.			

Ce grenat est donc une combinaison d'une molécule de silicate d'alumine avec une de silicate d'oxidule de fer.

C. EXEMPLE D'UN SILICATE A BASE TRIPLE.

Aplôme. Analysé par Laugier, Annales du musée d'Hist. nat., IX, 271.

Silice . . . . 42.0.	contenant oxigène	21.12.	5.	43.15.
Alumine . . . . . 20.0.		9 34.	2.	18.20.
Chaux. . . . . . . 14.5.		4.07.	1.	15.50.
Oxide de fer . . . . 14.5.		4.49.	1.	14.15.
Oxide de manganèse 2.0.				

Ce minéral est donc composé d'une molécule de bisilicate de chaux, d'une molécule de silicate d'oxide de fer, et de deux molécules de silicate d'alumine.

Il est clair qu'en appliquant les doctrines de la chimie à la minéralogie, et en classifiant les productions de cette dernière d'après la théorie de la première sur leur composition, la nomenclature chimique doit pouvoir également être appliquée jusqu'à un certain point à la minéralogie; et l'étude de l'une serait considérablement facilitée, si l'on pouvait conserver les noms de l'autre. Mais malheureusement la nomenclature chimique ne peut être appliquée avec avantage au-delà des sels simples, des arseniures, des sulfures, tellures, etc. Lorsque ceux-ci deviennent doubles ou très-variés, un nom coïncidant avec le principe chimique deviendrait long, dur et difficile à prononcer, et le zèle le plus général pour l'introduction d'une nomenclature scientifique ne pourrait empêcher qu'elle ne fût supplantée par des noms plus courts, non scientifiques. Les chimistes, par exemple, disent encore alun, au lieu *de sulfate de potasse et d'alumine*, qui peut être employé comme définition, mais dont on ne saurait jamais faire usage comme d'un nom. Il est donc clair que la nomenclature chimique ne suffit pas pour la minéralogie, et que, pour des objets plus composés, il faut se servir de noms empiriques plus courts. Il est bon que les noms chimiques soient conservés autant qu'ils peuvent être employés; mais lorsque cela ne se peut plus, je regarderai le nom le plus ancien et le plus généralement connu comme le meilleur, et je ne vois pas de raison de le changer, à moins que, 1° il ne soit équivoque, comme, par exemple, *muriacite* pour le gypse anhydre, ou que, 2° il ne soit tiré d'une langue n'ayant point de rapport avec le latin, et qu'il ne puisse pas être latinisé, comme, par exemple, *Kreutzstein*; parce que toute nomenclature scientifique doit être relative à une nomenclature fondamentale latine, d'où chaque langue doit non pas traduire, mais simplement s'approprier de nouveaux noms par les terminaisons ou inflexions. Ce n'est que de cette manière que l'unité et la précision peuvent être maintenues. Je ne puis que désapprouver hautement le désir immodéré d'un grand nombre de minéralogistes, de transformer les noms des minéraux, ce qui ne fait qu'augmenter considérablement la difficulté de l'étude ; de manière que la synonymie devient la partie la plus difficile de

3.

toute la science. Qu'a gagné la minéralogie ; quand, au lieu *d'icthyophtalme*, on a employé la dénomination *d'apophyllite*, puisque la propriété d'où celle-ci a été prise est commune à beaucoup d'autres minéraux, comme, par exemple, à plusieurs espèces de mica ou du gypse laminaire ? Peut-être ce grand désir des auteurs de changer les noms, n'est-il au fond que l'ambition d'introduire dans la science quelque chose qui soit à eux ; mais ce genre de présent fait à la science, lorsqu'il ne va pas plus loin, est au pouvoir de tout le monde, et rarement il excite chez le lecteur la reconnaissance à laquelle l'auteur s'était peut-être attendu.

Mais avant que j'expose la manière dont je conçois qu'un système de minéralogie doit être établi, il faut que je dise quelques mots de la méthode d'exposer les résultats des analyses minéralogiques, de manière que le lecteur puisse à-la-fois reconnaître la nature d'une substance minérale, et la quantité relative de ses principes constituants. On aura déjà pu s'apercevoir que cela ne peut avoir lieu par l'indication en pour cent, même lorsqu'on s'y prend comme dans les exemples que je viens de rapporter : c'est pourquoi il faut ranger les résultats d'une analyse minéralogique de deux manières. La première, mécanique, par les pour cents ; l'autre, scientifique, laquelle, dans les précédents essais, j'ai été obligé d'exprimer par une courte explication, jointe à chaque analyse. Cette explication peut, par l'usage de quelques signes particuliers, devenir superflue, et, par une formule courte et facile à embrasser, le lecteur peut en un moment saisir les résultats scientifiques.

Dans mon *Essai sur les proportions chimiques*, j'ai proposé de semblables signes pour exprimer la qualité des combinaisons d'après les vues de la doctrine des ces proportions. L'emploi de ces signes demande une connaissance parfaite de la composition de la substance qu'ils représentent, puisqu'ils renferment tous les élements, avec le nombre de leurs atomes dans un corps composé ; mais ces formules, précisément parce qu'elles expriment tout, sont plus longues et plus difficiles à concevoir au premier coup-d'œil. Je les appelerai *formules chimiques*, et, dans mon travail actuel, je les emploierai seulement pour les minéraux combustibles et les sels simples (1). Les minéraux terreux demandent des formules plus simples, qui expriment clairement ce qu'est le minéral. Je les appelerai *minéralogiques*. Je suivrai pour les former une idée donnée par Thomp

(1) J'aurai l'occasion, dans la suite, de m'étendre davantage sur ce sujet.

son dans son *Système de chimie*. Il arrange les
lettres initiales du nom des terres, de manière
qu'il commence par celle qui est la plus abon-
dante dans le minéral, et ainsi de suite, jusqu'à celle
qui s'y trouve en moindre quantité. Je ne saurais
employer les mêmes lettres, parce qu'elles tiennent essentiellement à la langue anglaise, et
comme ces formules doivent être entendues également par-tout, je pense qu'elles doivent être
fondées sur la nomenclature latine. Pour éviter
toute espèce de confusion, qui pourrait prove-
nir des deux sortes de formules, je marquerai
les minéralogiques en caractères italiques. Con-
venons donc de ce qui suit :

Silice, S; Alumine, A; Zircone, Z; Glucine, G; Ystria, Y; Magnésie, M; Chaux, C;
Strontiane, St; Barite, B; Soude (Natron), N;
Potasse (Kali), K; Oxide rouge de fer, F; Oxidule
de fer, f; les deux réunis, Ff; Oxide de zinc,
Zi; Oxide de manganèse, Mg; Oxidule de Manganèse, Mg; Eau, Aq.

Lorsque dans une formule, le signe d'une
terre se trouve sans chiffres après ou avant, cela
veut dire que dans ce cas la quantité d'oxigène
de la terre est l'unité dans la formule ; un chiffre
sur la gauche de la lettre indique un même nombre d'unités semblables, et un petit chiffre en
haut à la droite dénote dans cette terre une

quantité d'oxigène qui est un multiple par ce nombre de l'oxigène dans la terre qui se trouve auprès d'elle. Nous prendrons quelques exemples d'analyses que nous avons déjà parcourues.

La composition de la Néphéline, dans laquelle l'alumine et la silice contiennent une quantité égale d'oxigène, est exprimée par $A\,S$.

Le spath en tables, dans lequel la silice contient deux fois l'oxigène de la terre, est exprimé par $G\,S^2$.

Les formules de minéraux beaucoup plus composés sont formées de celles de chaque combinaison simple qui entrent dans leur composition; par exemple, la composition de l'icthyophtalme $=K\,S^6+{}^8C\,S^3$; de l'aplome$=C\,S^2+F\,S+2\,A\,S$.

Les productions minérales se divisent dès le premier coup-d'œil en deux classes :

I. *Corps formés entièrement d'après le principe de composition de la nature inorganique,* c'est-à-dire corps binaires, et combinaisons de corps binaires entre eux. (J'ai déjà montré ailleurs que le principe de composition des corps organiques consiste en ce qu'ils ne sont formés que de deux éléments ; et lorsqu'ils semblent avoir une composition plus compliquée ou plus variée, cela provient de ce qu'ils contiennent une combinaison de deux ou plusieurs corps pareils formés de deux éléments.)

II. *Corps formés d'après le principe de composition de la nature organique,* et considérés à cause de cela comme des restes d'une organisation détruite. (J'ai fait voir également aux mêmes endroits que le principe des compositions organiques consiste en ce que plus de deux éléments, ordinairement trois ou quatre, desquels l'oxigène en est toujours un, sont combinés en un seul, qui ne peut être considéré comme une composition de deux ingrédients, ou parties constituantes binaires ; en sorte que la nature inorganique est formée de corps *binaires* et de leurs combinaisons; et la nature organique, de corps *ternaires* ou *quaternaires*, pouvant être partie isolés, partie unis entre eux, ou avec des corps binaires, c'est-à-dire des corps inorganiques.)

Dans la plupart des systèmes minéralogiques, on a rangé dans la même classe le diamant, le graphite, le charbon, l'asphalte et le naphte. Il est évident que cette classification est tout aussi fautive que si en chimie on décrivait l'alsphalte ou le naphte dans le chapitre du charbon. Il est clair, pour la même raison, que la mellilithe ne peut appartenir à la première classe, mais doit être rangée dans la seconde.

Un arrangement exact de la première de ces

classes forme le but principal d'un système minéralogique. Comme la Minéralogie constitue une partie de la chimie, il est clair que l'arrangement dont il s'agit doit tirer son principe de cette dernière. La disposition la plus parfaite serait donc certainement celle par laquelle tous les corps se trouveraient placés dans l'ordre de leurs propriétés électro-chimiques, depuis le plus électro-négatif, l'oxigène, jusqu'au plus électro-positif, le potasium, et chaque corps composé suivant ses parties constituantes plus ou moins électro-positives. Mais cette disposition présente des difficultés qui, pour le présent, la rendent à-peu-près impossible, et dont la principale est que nous ne connaissons que d'une manière très-incomplète les rapports électro-chimiques des corps simples : nous devons donc, jusqu'à ce que nos connaissances soient devenues plus complètes, nous contenter d'un arrangement approximatif. Nous divisons les corps simples en trois classes : *oxigène*, *corps simples inflammables*, qui n'ont pas la propriété des métaux, pour lesquels je propose le nom de *métalloïdes*, et les *métaux*; et nous les distribuons dans chaque classe suivant l'ordre qu'ils suivent les uns et les autres, depuis le plus électro-négatif jusqu'au plus électro-positif. Cet ordre est à-peu-près comme nous allons l'indiquer :

1. *Oxigène,*
2. *Métalloïdes,*
Soufre,
Nitrique,
Radical muriatique,
Phosphore,
Radical fluorique,
Bore,
Carbone,
Hydrogène,
3. *Métaux,*
Arsenic,
Chrome,
Molybdène,
Tungstène,
Antimoine,
Tellure,
Silicium,
Tantale,
Titane,
Zirconium,
Osmium,
Bismuth (1),
Jridium,
Platine,
Or,
Rhodium,
Palladium,
Mercure,
Argent,
Plomb,
Etain,
Nickel,
Cuivre,
Urane,
Zinc,
Fer,
Manganèse,
Cérium,
Yttrium,
Glucinum (*Berillicum*),
Aluminium,
Magnésium,
Calcium,
Strontium,
Barium,
Sodium, N (*Natrium*),
Potassium (*Kalium*).

Chacun de ces corps simples peut constituer une famille minéralogique, qui sera composée en ce cas de ce corps simple, et de toutes ses combinaisons avec les corps qui sont électro-négatifs par rapport à lui, c'est-à-dire avec ceux qui, à quelques exceptions près, le précèdent dans la série indiquée ci-dessus.

Les familles sont divisées en ordres, d'après les différents corps électro-négatifs avec lesquels le plus électro-positif est combiné. Les ordres pourront être, par exemple, 1° les sulfures, 2° les

(1) J'ai placé ici le bismuth, non parce que je pense que c'est sa véritable place, mais parce que j'ignore où elle doit se trouver, et qu'il faut le mettre quelque part, au moins en projet.

carbures ; 3° les arséniures , 4° les tellures ,
5° les oxides , 6° les sulfates , 7° les muriates ,
8° les carbonates , 9° les arséniates, 10° les silicates, etc. Il est clair que le nombre des ordres
s'accroît à mesure que l'on approche de l'extrémité positive de la série. On peut aussi faire
l'arrangement systématique en sens inverse , en
prenant pour famille ce qui est ordre dans la
méthode précédente, et en faisant des ordres de
ce qui formait des familles, c'est-à-dire qu'on
peut déterminer les familles d'après les ingrédients électro-négatifs, et les ordres d'après le
plus électro-positif. Ces deux modes auront leurs
avantages et leurs difficultés, ainsi que tous les
arrangements systématiques, et leurs avantages
respectifs ne pourront être découverts complétement qu'après une application définitive de
l'un et de l'autre. Autant que je puis en juger pour
le présent, je crois trouver que le premier a
des avantages théoriques importans, quoique le
second ait plusieurs bons côtés pratiques, si je
puis parler ainsi : il dispose, par exemple, très-
bien ensemble toute la classe si étendue des
silicates, et montre ainsi dans une chaîne non
interrompue leurs rapports, leurs différences et
le passage des uns aux autres.

Lorsque les ordres sont très-nombreux , il
faut procurer à la réflexion et à la mémoire des

points de repos , au moyen desquels l'ensemble puisse être mieux embrassé , et ces points de repos doivent être différents selon les différentes variétés des minéraux qui appartiennent à l'ordre; lorsqu'un ordre ne contient pas plus de 3 , 4 ou jusqu'à 6 espèces différentes , il suffit de le répartir uniquement en espèces. Par minéraux de même espèce, j'entends ici la même chose que Haüy , *la même composition avec la même forme primitive.* Les différentes formes secondaires sous lesquelles une espèce peut se présenter, constituent des variétés ; mais lorsque l'ordre est très-étendu, et contient un grand nombre d'espèces , comme c'est le cas relativement à celui des silicates formés par les plus fortes bases, on facilite beaucoup le coup-d'œil général en le partageant d'abord en *sous-divisions* , par 1° sels de deux ingrédients , ou sels simples ; 2° sels avec trois ingrédients, sels doubles, et 3° sels avec trois au quatre bases, sels triples ou quadruples.

Ces sous-divisions peuvent ensuite être partagées en genres, et les genres en espèces. Un genre comprend tous les minéraux qui ont les mêmes ingrédients. L'espèce comprend les variations déterminées dans la quantité relative de ces ingrédients.

Ce ne serait certainement pas ici la vraie place pour entrer plus avant dans les détails de la disposition minéralogique, sur-tout ces détails n'étant que des moyens de facilité dans l'étude qui se manifestent le mieux dans l'arrangement entier du système, et peuvent être moins aperçus dans l'exposition de quelque partie, comme cela aura lieu ici. Cependant je donnerai pour la famille de l'alumine, dans l'ordre des silicates, une répartition en sous-divisions, genres et espèces, de la manière dont il me paraît qu'elle doit être faite. Le motif pour ne pas avoir fait la même chose relativement aux autres parties, a été que je ne l'ai pas regardée comme nécessaire à cause de la petite quantité d'espèces.

Quant à la détermination de la famille à laquelle les minéraux appartiennent, il faudra observer des principes un peu différents pour les ordres des corps combustibles et des corps oxidés. Ainsi, par exemple, lorsqu'il sera question d'un sulfure ou d'une arséniure, etc., double ou complexe, *il devra être placé dans la famille de celui des ingrédients électro-positifs dont il contient le plus grand nombre de molécules ; et dans le cas où le nombre en serait égal, dans la famille du plus électro-positif.* D'un autre côté, lorsqu'il est question d'un minéral oxidé, qui est composé de deux ou plusieurs oxides, *il doit toujours être placé sous l'oxide le plus électro-positif, sans égard au nombre des molécules.* En observant ces deux circonstances, on obtient le grand avantage que les minéraux de composition analogue sont placés les uns près des autres, et que, par exemple, toute la grande classe des doubles, triples et quadruples silicates, est arrangée sous les trois ou quatre derniers corps électro-positifs qui terminent le système.

Je vais donner quelques exemples de cet arrangement, et je ferai choix de trois familles, *argent*, *fer* et *aluminium*. Je ne m'attacherai pas néanmoins trop rigoureusement aux principes, parce que j'ai essentiellement cherché ici à montrer d'une part la possibilité d'un arrangement scientifique, et de l'autre la justesse de l'application des proportions chimiques. C'est la raison pourquoi j'ai choisi dans chacune de ces trois familles différentes espèces que dans un système complet j'aurais placées dans une autre famille. Mais dans l'arrangement que je présenterai dans la suite de mon travail, j'ai eu pour but principal de donner une disposition instructive; en sorte que les exemples dont il s'agit maintenant doivent être considérés plutôt comme une monographie incomplète de chaque famille, que comme des parties extraites d'un système général rédigé dans son ensemble.

FAMILLE ARGENT.

Premier ordre. Argentum, argent natif, avec toutes ses variétés.

Second ordre. Sulfuretum argenti, argent sulfuré.

Première espèce, *Bisulphuretum argenti*, argent sulfuré. La formule chimique de sa composition est A g + 2 S.

Deuxième espèce, *Sulphuretum argenti*, *stibii et ferri*, Spröd-glanzertz, analysé par Klaproth, Beytr. I, 166.

```
Argent . . . . . . 66.5.  )           (  9 83.3.
Antimoine  . . . 10.0.  {  contenant  {  3.87.1.
Fer . . . . . . . 5.0.  {  soufre     {  3.00.
Soufre . . . . . 12.0.  )           (
                       ——
Cuivre, arsenic et
mat. pierreuse . . 1.5.
Perte . . . . . . 5.0.
```

Si la perte indiquée dans cette analyse est supposée être entièrement de soufre, elle donnera 17 pour cent de cette substance, lorsque les métaux n'en demandent que 16,50. Klaproth a obtenu par l'eau régale 13 pour cent d'oxide d'antimoine. Cet oxide a été séché, mais non chauffé jusqu'au rouge, et Klaproth l'a jugé équivalent à 10 parties d'oxide d'antimoine chauffé à rouge; mais cet oxide, d'après mes expériences, contient de l'eau et de l'acide muriatique, et il ne peut être évalué à plus de 9 parties environ. Ce minéral semble être plutôt un mélange qu'une combinaison chimique de sulfure d'argent, d'antimoine et de fer.

Troisième espèce, *Sulphuretum argenti et stibii cum oxido stibico*, mine d'argent rouge, analysé par Klaproth, Beytr. I, 155.

Argent. . 62.0.		4.588.	2.
Antimoine 18.5.	prenant d'oxigène en	2.295.	1.
Soufre. . 11.0.	degrés proportionnels		
Acide sulfur. 8.5.	d'oxidation		

Aucun chimiste ne supposera que l'acide sulfurique ait été trouvé dans ce minéral. Klaproth ne pensait pas non plus que l'oxygène appartînt au soufre. Proust a découvert depuis que le sulfure d'antimoine a la propriété, dont ne jouissent point les autres sulfures, de se combiner chimiquement avec l'oxide d'antimoine, et que le crocus d'antimoine est cette combinaison qui, par la fusion, peut être, dans la plupart des proportions, mêlée tant avec l'oxide qu'avec le sulfure d'antimoine, et avec les sulfures d'autres métaux moins combustibles que l'antimoine. La couleur du minéral donne à connaître qu'il contient une combinaison qui ressemble au crocus d'antimoine. Si cette combinaison, comme j'ai cru m'en apercevoir dans une expérience faite à la hâte sur un beau crocus d'antimoine cristallisé, est formée de deux molécules de sulfure d'antimoine avec une molécule d'oxide d'antimoine , $= 2\ Sb\ S^3 + Sb\ O^3$, alors deux tiers de l'antimoine contenu dans le minéral seront combinés avec du soufre, et un tiers avec l'oxigène. Mais 62 parties d'argent prennent 9,176 parties de soufre, et 12,334 parties d'antimoine ($\frac{2}{3}$ de 18,5) en prennent exactement la moitié, c'est-à-dire 4, 588 parties. La composition de ce minéral peut donc être exprimée ainsi : $Sb\ O^3 + 2\ Sb\ S^3$ $6 + Ag\ S^2$ et en nombres :

Argent . . 62.00.	Sulfure d'argent . . . 71.176.	6.
Antimoine 18.50.	Sulfure d'antimoine . 16.922.	2.
Soufre . . 13.76.	Protoxide d'antimoine 7.217.	1.
Oxigène . 1.15.		

Ce qui, pour ce qui concerne même le soufre, coïncide avec les résultats obtenus par Klaproth.

Troisième ordre, Stibiures ou Antimoniures.

On sait que l'antimoine a deux oxides jouissant de propriétés acides; il s'ensuit que, comme l'arsenic, le tellure et le soufre, il peut, dans son état non oxidé, remplir la fonction d'une substance électro-négative, par rapport à d'autres métaux, comme par exemple l'argent et le plomb. L'avenir pourrait d'ailleurs faire découvrir encore un plus grand nombre de stibiures.

4

Quatrième espèce, *Stibietum biargenti*, argent antimonial, analysé par Klaproth, Beytr. t. III, p. 175.

Argent . .77. } prenant oxigène en degrés { 5.798. 2. 77.
Antimoine 23. } proportion d'oxidation   { 2.85o. 1. 23.

L'analyse donne donc ce stibiure exactement à la formule Sb + 2 Ag.

Cinquième espèce, *Stibietum triargenti*, argent antimonié, *silber-spiesglans*, Klaproth, Beytr. t. II, p. 3o1.

Argent . .84. } prenant oxigène en degrés { 6.2   3.   82.3.
Antimoine 16. } proportionnels d'oxidation { 2.0   1.   17.6.

L'analyse s'éloigne donc très-peu du calcul fondé sur trois molécules d'argent et une molécule d'antimoine ; il n'y aurait probablement pas de différence du tout, si, dans la méthode d'analyse, l'argent n'avait pas été précipité par du cuivre, ce qui le rend un peu cuivré. La formule de la composition de ce stibiure sera Sb + 3 Ag.

Quatrième ordre, Tellures.

Première espèce, *Bitelluretum argenticum se-telluretum auri*, or graphique, analysé par Klaproth, B. III, p. 20.

Tellure 6o. } prenant d'oxigène en   { 14.8   20   61.38.
Or . . 3o. } degrés proportionnels   { 2.4   3   28.3o.
Argent 1o. } d'oxidation   { 0.74   1   1o,23.

La proportion d'or dans cette analyse paraît être échue de 2 p. 100 trop haut. Le minéral est par conséquent, en supposant l'analyse d'ailleurs exacte, comme l'indique la formule suivante $=$ Ag Te^2 $+$ 3 Au Te^6.

La disposition de l'or à prendre six volumes de tellure, paraît tenir à la propriété de ce métal de se combiner de préférence avec trois volumes d'oxigène, de soufre, et même de tellure dans sa combinaison ordinaire avec ce dernier métal. Ici cette quantité se trouve doublée.

Deuxième espèce, *Bitelluretum argenti*, avec *bitelluretum plumbi*, et *tritelluretum auri*, Weisserz, Gelberz, analysé par Klaproth, B. III, pag. 25.

Tellure	44.75.	Oxigène	11.34.	15	44.05.
Or	26.75.	en degr.	2.14.	3	27.20.
Plomb	19.50.	proport.	1.56.	2	18.95.
Argent	8.50.	d'oxidat.	0.63.	1	9.80.
Trace de soufre.					

En considérant ces nombres, on trouve que la quantité d'argent est à-peu-près d'un pour cent trop faible. Mais lorsqu'on voit que dans l'analyse de Klaproth, deux tiers de la quantité d'argent obtenu sont résultés par la fusion avec le carbonate de potasse, d'une masse granulaire de quartz, qui faisait douze fois le poids de l'argent, on ne doit pas être surpris que toute la quantité d'argent n'ait pas été complétement extraite, pour donner l'exactitude la plus rigoureuse dans la proportion de ce métal pour le résultat. En écartant une légère erreur dans la proportion de l'argent, ce minéral se trouvera contenir une molécule d'argent, deux de plomb, trois d'or, et quinze de tellure ; et par conséquent, il sera, comme je l'ai démontré dans un Essai publié il y a long-temps (Mém. de l'acad. des Sciences de Stockholm, 1813, second semestre, et Journal de Schweigger, novembre 1812), composé de manière que si les métaux étaient oxigénés au degré nécessaire, on en obtiendrait des tellurates neutres. La formule de la composition de ce minéral est donc $Ag\,Te^2 + 2\,Pb\,Te^2 + 3\,Au\,Te^3$.

Cinquième ordre, Aurures.

Première espèce, *Biauretum argenti*, *electrum*, analysé par Klaproth, B. IV, p. 3.

Or . . 64.	oxigène en degrés pro-	5.12.2	64.68.
Argent 36.	portionnels d'oxidation	2.66.1	35.12.

La formule est par conséquent $Ag + 2\,Au$.

Deuxième espèce, *Auret. biargenti*, argent aurifère, analysé par Fordyce, *Phil. trans.*, 1776, pag. 523.

Argent 72.	oxigène en degrés pro-	2.32.2	74.
Or . . 28.	portionnels d'oxidation	2.24.1	26.

La proportion d'argent dans cette analyse est devenue un peu trop forte. Mais comme l'analyse a été faite à une époque où la chimie n'avait pas encore tous les moyens de parvenir à la précision qu'elle a maintenant, il ne faut pas en être étonné. Ce minéral paraît dans tous les cas être $= 2\,Ag + Au$.

Sixième ordre, Hydrargyrures.

Première espèce, *Bihydrargyretum argenti*, amagalme native, analysée par Klaproth, B. I, pag. 183.

Mercure 64. ⎱ oxigène en degrés pro- ⎰ 5.12.2 65.32.
Argent   36. ⎰ portionnels d'oxidation ⎱ 2.66.1 34.68.

La formule sera donc $Ag + 2\,Hg$.

Septième ordre, Carbonates.

Première espèce, *Carbonas argenticus* (*stibio-carbonas argenticus*), argent carbonaté, analysé par Selb. Aikins, Diction., P. II, p. 295.

Argent 72,5; acide carbon. 12,0; oxide d'antimoine 15,5.

Déjà la circonstance que l'argent est ici sous forme métallique, et qu'il n'y a pas de perte indiquée, semble annoncer qu'on ne peut avoir une grande confiance en ce résultat. L'acide carbonique, tel qu'il est indiqué, contient probablement l'oxigène de l'argent. Dans ce cas, le résultat de l'analyse est tel que ce minéral peut être considéré comme un sel double avec deux acides, et l'argent partagé également entre l'acide carbonique et l'oxide d'antimoine ; la composition du minéral serait de $Ag\ O^2 + 2\ CO^2$ avec $Ag\ O^2 + Sb\ O^4$.

Ceci n'est dit que pour provoquer l'attention sur la possibilité d'une composition pareille du minéral, si, par la suite, il devait encore y en avoir assez pour une analyse exacte.

Huitième ordre, Muriates.

Espèce unique , *Murias argenticus,* argent corné.

La formule est $Ag\ O^2 + 2\ M\ O^2$.

FAMILLE FER.

Premier ordre, Fer natif.

Première espèce , *Fer natif,* selon Klaproth , mêlé avec un peu de plomb et de cuivre.

Deuxième espèce , *Fer météorique*, mêlé avec du nickel.

Deuxième ordre, Sulfures.

Première espèce , *Quadrisulphuretum ferri,* pyrite $= Fe + 4\ S$.

Deuxième espèce, *Bisulphuretum ferri*, pyrite magnétique = Fe + 2 S.

Troisième espèce, *Bisulphuretum ferri*, avec *sulphuretum cupri*, cuivre pyriteux de Hitterdal en Norwège, analysé par Klaproth, B. II, pag. 281.

Fer . . . . . . 7.5.	}	oxigène en degr. prop. d'oxidation	}	2.21 1. 17.36 8.	}	cont. soufr.	{ 4.43 7.57 17.40 70.47 21.83 21.96
Cuivre . . . . 69.5.							
Soufre et perte 23.0.							

La composition de ce minéral est donc de huit molécules de sulfure de cuivre sur une molécule de bisulfure de fer ; formule qui donne Fe S^2 + 8 CuS.

Quatrième espèce, *Bisulphuretum ferri*, avec *sulphuretum cupri*, et *stibietum plumbi*, Bleyfahlerz, analysé par Klaproth, B. IV, 8-.

Plomb . . 34.00.	}	oxig. en degr. proprort. d'oxidation	}	2.65 1. 2.03 1. 4.06 2. 4.10 2.	}	conten. soufre	{ 29.0. 18.0. 18.0. 8.25 13.5.
Antimoine 16.00.							4.07
Cuivre . . 16.25.							
Fer . . . 13.75.							
Soufre . . 13.50.							12.32 15.5.
Argent . . 2.25.							
Perte. . . 3.75.							

Il paraît par-là que ce minéral, déduction faite de la petite quantité de sulfure de plomb et de sulfure d'argent, comme mélanges étrangers, contient les métaux dans une proportion d'où il résulte la formule suivante = Pb Sb + 2 CuS + 2 Fe S^2.

Troisième ordre, Carbures.

Première espèce, *Supercarburetum ferri*, graphite.

La faible proportion de fer, dans cette substance, m'a donné lieu long-temps à supposer que c'était du charbon pur, mêlé mécaniquement avec un peu de carbure de fer; mais comme la proportion de carbone dans la plombagine artificielle qui cristallise sur une fonte de fer sursaturée de carbone, va au delà de 90 p. 100, ce corps doit être regardé comme une combinaison chimique, parce qu'on ne peut pas se représenter qu'un corps élémentaire puisse se séparer de toute combinaison avec un autre, par la seule disposition à cristalliser. Il est connu d'ailleurs que l'amalgame de potassium cristallisé ne contient que trois pour cent de potassium, et cependant c'est, sans aucune incertitude, une combinaison chimique.

Il est démontré par-là que le maximum du nombre des molécules (atomes, volumes) d'un corps qui peut être combiné avec une seule molécule d'un autre corps, doit être très-grand. Car si, conformément à l'analyse de Saussure, le graphite pur de Cornouailles contient 96 parties de charbon sur 4 de fer; et si le graphite artificiel, d'après Berthollet, contient 91 parties de charbon et 9 de fer, une molécule de fer est combinée, dans le premier, avec 208, et dans le second, avec 98 molécules de charbon, ou, en supposant de petites erreurs d'analyse, le premier pourra être Fe + 200 C, et le second Fe 100 C.

Deuxième espèce, *Subcarburetum ferri*, acier natif de Labouiche en France, analysé par Godon de Saint - Memin. Journal de Phys., LX, p. 340.

Fer 94,5; carbone 4,3; phosphore 1,0.

Ce fer est indiqué comme malléable. A l'occasion des essais d'analyse que j'ai faits sur une espèce de fer fondu, j'ai trouvé que le fer suédois, qui contient $3\frac{1}{2}$ p. 100 de carbone $= 3$ Fe + C, est déjà cassant au plus haut degré, et a déjà complétement perdu toute malléabilité ; si cependant nous admettons cette analyse comme à-peu-près juste, la combinaison sera 2 Fe + C mêlé avec un peu de phosphure de fer.

Quatrième ordre, Arseniures.

Première espèce, *Arsenietum ferri*, Misspickel.
On verra par la suite que ce minéral est une combinaison de sulfure de fer et d'arseniure de fer, qui est composée de

Fer 34,94, arsenic 43,42, et soufre 20,13 = Fe As² + Fe S⁴ (1).

Deuxième espèce, *Arsenietum ferri*, avec *sulphuretum cupri*, cuivre gris, Fahlerz de la mine de Jungen Hohenbirke près de Freyberg, analysé par Klaproth, Beytr. IV, p. 40.

Résultat obtenu.		Résultat calculé.	
Fer	22.5.	. . . . . 19.52	1.
Arsenic	24.1.	. . . . . 23.68	1.
Cuivre	41.0.	. . . . . 45.44	2.
Soufre	10.0.	. . . . . 11.36	2.
Perte	2.0.		

Si donc ce minéral est une combinaison chimique, et si la différence entre le résultat obtenu et le résultat calculé peut être regardée plutôt comme une inexactitude d'observation, que comme résultant d'un mélange mécanique des ingrédients du minéral, sa composition sera Fe As + 2 CuS.

Troisième espèce, *Arsenietum ferri*, avec *sulphuretum cupri*, Fahlerz, autre espèce de la mine Jonas près de Freyberg, analysé par Klaproth. B. IV, p. 53.

Fer . . . 27.5.		oxigène au	7.90	2.	25.21
Arsenic. . 15.6.		degré	3.74	1.	15.28.
Cuivre . . 42.5.		proport.	10.62	3.	44.01.
Soufre . . 10.0.		d'oxidat.			10.40.
Antimoine 1.5.					
Argent . . 0.9.					
Perte. . . 2.					

(1) Le lecteur trouvera dans les observations ajoutées

L'arsenic est par conséquent l'unité dans la combinaison, et le minéral est $Fe^2 As + 3 CuS$.

Cinquième ordre, Tellures.

Première espèce, *Supertelluretum ferri*, tellure natif, analysé par Klaproth, Beytr. III, 8.

```
Tellure 91.55. ⸲ oxigène en degrés pro-  ⸲ 22.69 10 92.09.
Fer . . 7.20. ⸲ portionnels d'oxidation  ⸲  2.12  1  7.91.
Or . . 0.25.
Perte   1.00.
```

Ce minéral est par conséquent $Fe + 10 Te$; cependant le nombre des molécules du tellure devrait être déterminé avec une plus grande précision, parce que de très-petites variations dans le résultat de l'analyse le changent souvent aisément de 9 à 10, et probablement le minéral contient un de ces nombres.

Sixième ordre, Oxides.

Première espèce, *Oxidum ferricum*, hématite, fer oxidé de différentes formes ; sa composition est $F + 3O$.

Deuxième espèce, *Oxidum ferroso-ferricum*, oxide de fer magnétique de toutes formes.

à l'énumération systématique, dans le Mémoire suivant, une explication plus détaillée de la composition chimique du misspickel.

D'après mes expériences (1), la pierre magnétique et l'oxide attirable à l'aimant ont la même composition et consistent de

```
Oxidule de fer ( oxidum ferrosum ) 69.02 ) cont. {  21.189   3.
Oxide  de  fer ( oxidum ferricum ) 30.98 ) oxig. {   7.063   1.
```

De manière que l'oxide contient trois fois l'oxigène de l'oxidule, et que la composition est $Fe\,O^2 + 2\,Fe\,O^3$.

Il est très-probable que le véritable oxidule, ou l'oxide noir de fer, se trouve aussi rarement à l'état isolé et pur, que les autres bases salines fortes.

Septième ordre, Sulfates.

Première espèce, *Sulphas ferrosus*, sulfate de fer natif, $FeO^2 + 2\,SO^3 + 14Aq.$

Deuxième espèce, *Subsulphas biferricus,* ochre déposé d'eau vitriolique ; efflorescence sur l'espèce précédente, $2\,Fe\,O^3 + S\,O^3 + 6\,Aq.$

Troisième espèce, *Sulphas quadriferricus*, fer oxidé résinite, analysé par Klaproth. B. V, 221.

```
Oxide de  fer     67. )              (  20.56  4  67.85.
Acide sulfurique   8. ) contenant    {   4.80  1   8.66.
Eau . . . . . .   25. )  oxigène     (  22.06  4  23.54.
```

Cette analyse donne à connaître l'existence d'un sulfate auparavant inconnu. La proportion d'acide sulfurique est de quelque peu de chose

(1) Voyez ci-après.

trop faible , et celle de l'eau, provenant probablement de l'adhérence mécanique de l'humidité,
est un peu trop forte. Dans tous les cas , on voit
clairement que ce sel est $4\ \mathrm{Fe\,O^3 + S\,O^3 +}$
$12\ \mathrm{Aq}$.

Huitième ordre , Phosphates.

Première espèce , *Phosphas ferrosus ,* bleu de
Prusse natif , $\mathrm{Fe\,O^2 + P\,O^5}$.

Ce sel est ordinairement d'abord phosphate de
l'oxidule, *phosphas ferrosus ,* mais avec le temps
et par l'action de l'air , il prend un plus haut
degré d'oxidation et une couleur bleue qui le
change en phosphate des deux oxides de fer, *phos-*
phas ferroso-ferricus. Par ce changement il reçoit
un petit mélange de sousphosphate de l'oxide ,
subphosphas ferricus , ce qui lui fait éprouver
quelque changement aussi dans son eau de cristallisation.

Deuxième espèce , *Subphosphas ferricus ,* fer
phosphaté, analysé par Klaproth. Beytr. IV, 122.

Fer oxidule . . . . 47.5.
Acide phosphorique 32.0.
Eau . . . . 20 0.
Perte . . . . 0.5.

Ce minéral est donc $3\ \mathrm{Fe\,O^2 + 2\ PO^5 +}$
$12\ \mathrm{Aq}$.

Troisième espèce , *Subphosphas ferrico-man-*

ganicus, manganèse phosphatée ferrifère, analysée par Vauquelin, *Journal des mines*, n°s 264, 299.

> Oxide de fer. . . . 31.
> Oxide de manganèse 42.
> Acide phosphorique 27.

Cette analyse n'est d'accord avec aucun calcul; tout ce que l'on peut en conclure, c'est que ce minéral est un double sous-phosphate.

Neuvième ordre, Carbonates.

Première espèce, *Carbonas ferrosus*, fer carbonaté, analysé par Buchholz, *Journal der Chemie und Physique*, III, 258.

> Fer oxidulé . . . 59.5. ⎱ contenant ⎱ 13.56   1. ⎰ 58.77.
> Acide carbonique 36.0. ⎰ oxigène ⎰ 26.22   2. ⎱ 36.67.
> Chaux . . . . . . 2.5.
> Eau . . . . 2.0.

Ce minéral, qui très-souvent se présente mélangé avec des quantités de carbonate de magnésie, de chaux ou de manganèse plus considérables que dans cet exemple, est par conséquent pour l'essentiel $FeO^2 + 2CO^2$.

Deuxième espèce, *Subcarbonas ferroso-ferricus*. Il ne forme pas un minéral distinct, mais il paraît souvent mêlé mécaniquement avec des ochres des mines terreuses, où, par l'action de l'eau et de l'air, il se détruit et se transforme en hydrate de fer.

Dixième ordre, Arséniates.

Cinquième espèce, *Subarsenias ferrosus*, fer arséniaté, analysé par Vauquelin. Brogniart, tome II, page 283.

Oxide de fer . . 48.
Acide arsenique 18.
Eau . . . . . . 32.
Carbonate de chaux 2.

Cette analyse n'ayant point donné le degré d'oxidation dans l'oxide de fer, on n'en peut rien déterminer par le calcul.

Onzième ordre, Chromates.

Espèce unique, *Subchromis aluminico-ferricus,* fer chromaté, analysé par Laugier, Ann. du musée d'hist. nat., t. IV, p. 325.

Oxide de fer . . . . 34.   10.2. 2 34.09.
Alumine . . . . . . 11. } contenant { 5.17. 1 11.17.
Oxide vert de chrome 53.   oxigène   15.77. 3 52.74.
Silice . . . . 1.
Oxide de manganèse 1.

Il paraît très-probable au premier coup d'œil, que ce minéral doit être un double chromate ; mais lorsque l'on compare les analyses de Laugier, de Kiaproth et de Vauquelin, qui ne diffèrent pas considérablement, et n'indiquent dans les résultats aucune perte, quoiqu'ils aient tous déterminé la proportion de l'oxide du chrome d'après le poids de l'oxide vert obtenu par l'analyse, on voit aussitôt que ce minéral ne peut contenir de l'acide chromique, parce que pour 53 p. 100 d'oxide vert, il devrait y avoir dans ce cas une perte de 15, 77 p. de l'oxigène que l'acide chromique a dû donner pour se convertir en oxide. J'ai hasardé de nommer ce minéral *chromis*, quoique je sache qu'il existe un oxide entre l'acide et l'oxide vert, et qu'il est possible qu'il fournisse aussi des combinaisons, où il constitue l'élément électro-négatif. Je nomme le minéral *subchromis*, parce qu'un chromite neutre doit contenir trois fois l'oxigène de la base, puisque l'oxide vert contient trois volumes d'oxigène. Par conséquent, d'après ce qui a été exposé, ce minéral pouvait être composé de deux molécules de *subchromis ferricus*, et d'une molécule de *subchromis aluminicus*.

Un autre minéral semblable, analysé par Klaproth, Beytr. IV, 132, paraît être formé de quatre molécules du premier, et d'une molécule du second. Cependant le résultat de l'analyse ne correspond pas exactement au calcul. Je dois observer que les échantillons de ce minéral, que j'ai eu l'occasion d'examiner, n'avaient pas la moindre influence sur l'aiguille aimantée, et que par conséquent ils ne contenaient point d'oxidule de fer.

Douzième ordre, Tunstates.

Quatrième espèce, *Wolframias ferroso-manganosus*, Wolfram. Voyez mon analyse dans Afhandl. i Fysik, Kemi och Mineralogi, IV, 293.

Oxidule de fer . . . . 74.666.	contenant oxigène	13.40	8	75.63.
Acide tunstique . . . 17.594.		5.40	3	16.65.
Oxidule de manganèse 5.640.		1.87	1	5.72.
Silice . . . . 2.100.				

J'ai montré ailleurs que dans les tunstates neutres l'acide contient trois fois l'oxigène de la base, par conséquent ce sel est un tunstate neutre. Sa composition est $(MnO^2 + 2WO^3) + 3(FeO^2 + 2WO^3.)$

Treizième ordre, Silicates.

Première espèce, *Trisilicias ferrosus*. Voyez l'exemple des silicates simples $= fS^3 + 2 Aq.$

Deuxième espèce, *Silicias ferroso-aluminicus*, minéral noir anonyme de Gillinge, analysé par Hisinger, Afhandl. i Fysik, Kemi ochMineralogi, III, 306.

Silice. . . . . 27.5.	contenant oxigène	13.65	5.	.27.17.
Oxidule de fer . . . 47.8.		10.89	4.	47.38.
Alumine . . . . . . 5.5.		2.57	1.	5.77.
Eau . . . . 11.75.		10.56	4.	11.23.
Oxide de manganèse 0.97.				

La quantité d'oxide de fer dans ce minéral est

déterminée par le poids de l'oxide brûlé avec de l'huile. L'original a donc 51,5 pour l'oxide de fer, ce qui correspond à 47,8 pour cent d'oxidule. La composition de ce minéral est exprimée ainsi $AS + 4fS + 4Aq$.

Troisième espèce, *Silicias ferroso-magnesius*, Chrysolite, analysé par Klaproth, Beytr. I, 110.

Silice . . . . 39.0.		contenant oxigène		19.36	5	40.32.
Magnésie . . 43.5.				16.50	4	42.13.
Oxidule de fer 17.6.				4.02	1	17.55.

Klaproth, dans l'analyse de ce minéral, a obtenu une augmentation de poids de 2 p. 100 qui disparaît lorsqu'on réduit, comme c'est le cas ici, le poids de l'oxide obtenu en oxidule. Le minéral est donc $fS + 4MS$.

Quatrième espèce, *Silicias ferroso-calcicus*, espèce de grenat noir, analysé par Hisinger, Afhandl. i Fysik, t. II, p. 157.

Silice . . . . . . 34.53.		contenant oxigène		17.14	2	31.01.
Oxidule de fer (1) . 33.40.				7.50	1	33.81.
Chaux . . . . 24.36.				6.88	1	27.48.
Alumine . . . . . 1.00.						
Perte par la chaleur 0.50.						

En écartant quelques petites inexactitudes dans le résultat, dues probablement à des matières étrangères, on aura $fS + CS$.

(1) Calculé de l'oxide brûlé avec de l'huile. L'original a 36.50.

Cinquième espèce, *Silicias ferrico - calcicus*, grenat de Thuringue, analysé par Bucholz.

Silice . . . . . 34.00.			16.89	2	33.5.
Oxide de fer . . 25.00.	contenant	oxigène	7.6	1	27.0.
Chaux . . . . . 30.75.			8.4	1	28.5.
Alumine . . . . 2.00.					
Oxide de mangan. 3.50.					
Acide carb. et eau 4.25.					

La présence de l'acide carbonique dans ce minéral indique un faible mélange étranger de carbonate de chaux. La composition est du reste $FS + CS$, d'où il paraît que la cinquième et la quatrième espèce diffèrent uniquement dans le degré d'oxidation du fer.

Sixième espèce, *Silicias ferroso-calcicus* avec *silicias aluminicus*, mélanite, analysé par Klaproth. Bullet. de la Soc. philom., juillet 1808, p. 171.

Silice . . . . 35.5.			17.62	6	34.59.
Oxidule de fer . . . 22.5.	contenant	oxigène	5.13	2	25.13.
Chaux . . . . . . 32.5.			9.10	3	30.67.
Alumine . . . . . 6.0.			2. 8	1	6.11.
Oxide de manganèse 0.4.					

Ce minéral est par conséquent $AS + 2 fS + 3CS$.

Septième espèce, *Silicias manganoso-ferrosus* avec *bisilicias calcicus*; minéral grenatiforme de Longbanshyttan, analysé par Rothoff, Afhandl. i Fysik, III, 329.

Silice . . . . 35.o.		17.6	6	34.46.
Oxidule de fer . . . . 23.4.	contenant	5.83	3	24.00.
Chaux . . . . 22.1.	oxigène	6.10	4	21.92.
Oxidule de manganèse 7.14.		1.70	1	7.23.
Alumine . . . . 0.25.				
Soude . . . . 1.05.				
Carbonate de chaux . 2.60.				

La formule sera donc $mgS + 3fS + 4CS^2$.

Huitième espèce, *Silicias aluminico-ferricus*, avec *bisilicias calcicus*, aplome, analysé par Laugier, Ann. du Musée, IX, 271. Voyez l'analyse déjà citée parmi les exemples de silicates à trois bases.

Ce minéral est $CS^2 + FS + 2AS$.

Je me bornerai à ces exemples, dont on trouvera encore quelques-uns à la famille de l'aluminium.

Cet exposé semble mettre en évidence que les doubles silicates de fer et d'alumine, de même que beaucoup d'autres silicates, particulièrement ceux de chaux, de magnésie et de manganèse produisent des minéraux grenatiformes, de la même manière que le sulfate d'alumine produit avec la potasse et avec l'ammoniaque des sels si semblables, qu'on a pris quelquefois le dernier pour de l'alun à base de potasse.

Les silicates de fer se trouvent en très-grande quantité dans les minéraux : par exemple, dans le mica, l'asbeste, la trémolite, la tourmaline, l'actinote, la chlorite, l'amphibole, etc. Mais dans l'état actuel de l'analyse chimique, il est entièrement impossible de calculer la composition d'un minéral contenant du fer, avec aucune espèce de certitude. Klaproth a commencé de déterminer la quantité d'oxide de fer, en mêlant l'oxide obtenu par l'analyse avec de l'huile, et en le calcinant ensuite dans un vaisseau demi fermé, dans la supposition que l'huile réduirait toujours l'oxide à un degré défini d'après lequel le résultat de l'analyse pourrait être déterminé; mais ce procédé a le défaut que l'on ne saurait jamais compter sur aucune proportion de fer; car l'oxide de fer est réduit par l'huile dans une calcination légère, non-seulement à l'état d'oxidule, mais à celui de métal. Si la calcination est continuée avec l'accès de l'air, ce métal est de nouveau oxidé, et forme ordinairment un *oxidum ferroso-ferricum;* mais on ne peut jamais compter avec certitude sur la quantité d'oxigène qui est absorbée, ni s'assurer qu'elle n'a été en aucune manière portée plus haut; il vaudrait donc mieux que, dans les analyses qu'on pourrait faire par la suite, on déterminât la quantité de fer d'après le poids de l'oxide rouge. Dans toutes les évaluations des analyses de minéraux qui contiennent de l'oxidule, et dont j'ai parlé ci-dessus, j'ai fait une correction fondée sur cette supposition, que le résultat de l'analyse donné comme provenant de l'oxide de fer calciné avec de l'huile, était un *oxidum ferroso-ferricum*, contenant 28,14 p. 100 d'oxigène, et je pense que dans la plupart des cas on approche de cette manière de la vérité.

Mais il reste à faire, au sujet de l'analyse minérale, une autre question dont la solution est beaucoup plus difficile. A quel degré d'oxidation le fer est-il dans le minéral? Il est indispensable pour le minéralogiste scientifique de trouver une méthode pour le déterminer. Le fer peut, par exemple, être en partie à l'état d'oxidule, en partie à celui d'*oxidum ferroso-ferricum*, probablement à plus d'une proportion entre les deux oxides, et en partie à l'état d'oxide. Lorsque ce dernier cas a lieu, il est ordinairement le plus facile à reconnaître par la couleur du minéral, qui est jaune ou rouge, ou qui donne une poudre de cette couleur. Mais vouloir reconnaître les autres cas par la couleur, c'est ce qui est très-difficile, sinon entièrement impossible. Il est vrai, par exemple, que le *sulphas ferrosus* a une couleur d'un vert bleuâtre, tandis que le *sulphas ferroso-ferricus* en a une d'un vert de pré; mais cela ne prouve rien dans d'autres occasions, car le *prussias ferrosus* est blanc, au lieu que le *prussias ferroso-ferricus* est d'un bleu foncé. Je dois donc recommander à ceux qui s'occupent de l'analyse des minéraux, d'essayer de trouver des moyens sûrs de reconnaître l'état d'oxidation du fer dans les minéraux. La même observation s'applique au manganèse.

Quatorzième ordre, Tantalates.

Première espèce, *Tantalas manganoso-ferrosus*, tantalite, colombite.

	Analysé par Wollaston,	Klaproth et Vauquelin.
Oxide de tantale	85 . 80	88	83.
Oxide de fer	10 · 15	10	12.
Oxide de manganèse	4 . 5	2	8.

Ces analyses ne se laissent point calculer. J'ai trouvé que la tantalite de Kimito est composée de

Oxide de tantale	83.2.
Oxidule de fer	7.2.
Oxide de manganèse	7.4.
Oxide d'étain,	0.6.
Traces de chaux	

Cette composition est, d'après les expériences sur la composition de l'oxide de tantale que j'ai faites conjointement avec MM. Gahn et Eggertz, conforme à la formule suivante $mg\,Ta + fTa$.

Les tantalites examinés par MM. Wollaston et Klaproth n'y correspondent pas ; mais j'ai démontré dans les Afhandl. i Fysik, etc. , T. VI, p. 237, qu'il y a des tantalites qui contiennent un tantalure de fer non oxidé, et que ces tantalites mélangés de tantalure ont une pesanteur spécifique plus grande, donnent une poudre rougeâtre, et ne se dissolvent qu'avec grande difficulté dans le verre de borax.

Deuxième espèce, *Subtantalas yttrico-ferrosus*, yttrotantalite. D'après mes expériences, l'yttrotantalite est un mélange de sous-tantalate d'yttria avec du sous-tantalate de chaux, de fer et d'urane. Afhandl. i Fysik, etc., IV, 293.

Quinzième ordre, Titaniates.

Première espèce, *Titanias ferrosus*, ménacanite, titane oxidé ferrifère, analysé par Klaproth, B. II, p. 231.

Oxide de titane 45.25   100.
Oxidule de fer   51.00   113.3.

Deuxième espèce, *Titanias triferrosus*, fer titanié, pierre magnétique compacte, analysé par Klaproth, B. II, p. 234.

Oxide de titane 22   100.
Oxidule de fer 78   354.

Troisième espèce, *Titanias seferrosus*, pierre magnétique granulaire, analysé par Klaproth, B. V, p. 210.

Oxide de titane 14.0   100.
Oxidule de fer   85.5   610.

Quatrième espèce, *Titanias ferrico-manga-*
nicus, nigrin, analysé par Klaproth, B. II,
p. 238.

Oxide de titane 84, oxide de fer 14, oxide de manganèse 2.

Tant que la composition de l'oxide de titane
ne sera pas suffisamment connue, la valeur de
ces analyses ne pourra être déterminée. Par ces
analyses des titaniates de fer, on voit que les
quantités du dernier vont croissant comme à-peu-
près 1, 3, 6; mais lorsque l'on considère la méthode analytique dont Klaproth s'est servi, on
trouve que la quantité d'oxidule de fer a été déterminée de la même manière dont il a déjà été
question, et que par conséquent elle doit être
réduite du *ferroso-ferricum* au *ferrosum*, parce
que la propriété magnétique de ces minéraux indique évidemment que le fer doit s'y trouver
dans son plus bas degré d'oxidation. De l'autre
côté, les quantités de titane ne sont déterminées que par la perte, de manière que dans la
proportion que la quantité de fer diminue,
celle de titane augmente. D'après une correction
calculée, la première espèce contient 98 parties
d'oxidule de fer pour 100 parties d'oxide de titane; la seconde espèce 286 du premier pour 100
du second, ce qui est presque comme 1 : 3; mais
la correction ne rend pas la troisième espéce con-

cordante aux deux autres. Il est à présumer que
l'oxide de titane forme avec l'oxidule de fer une
ou deux combinaisons définies, lesquelles se trouvent parfois mélangées avec les oxides de fer
dans les proportions variables. Les expériences
au chalumeau indiquent souvent la présence de
titane dans des oxides de fer, que l'on a supposés
purs, par exemple, dans celui de l'île d'Elbe.

Seizième ordre, **Hydrates.**

Première espèce, *Hydras biferricus,* **fer hy-**
draté consistant en $2 \text{ Fe O}^3 + 3 \text{ Aq}$.

Il se présente rarement comme pur, mais il
est plus généralement mêlé avec du *carbonas
ferroso-ferricus* et du *subsilicias ferricus.*

Troisième famille, **Aluminium.**

A mesure que la minéralogie s'approche de
l'extrémité de la série électropositive des corps
simples, les minéraux combustibles deviennent
plus rares, et les combinaisons oxidées plus variées. La nature déploie ici la diversité infinie qui
est en son pouvoir, quoique néanmoins dans cette
diversité elle suive toujours avec la même rigueur
les lois des proportions définies dans les compositions. A mesure que le nombre des oxides combinés augmente, celui des proportions dans les-

quelles ils peuvent être combinés, s'accroît aussi ;
et je mettrai dans la suite, sous les yeux du lecteur, une preuve de la possibilité d'une grande
multitude de variations dans la composition des
minéraux du même genre, ainsi que de la probabilité que la nature peut produire occasion-
nellement un grand nombre de combinaisons,
dont le calcul démontre la possibilité. Il peut
résulter quelquefois de là des différences si peu
considérables dans la composition quantitative
des minéraux analogues, que nos efforts les plus
sérieux pour porter l'analyse des minéraux au
degré de perfection indispensablement nécessaire
pour le progrès scientifique de la minéralogie,
seront long-temps déjoués.

La famille dont nous nous occupons dans ce
moment n'a pas d'ordres appartenant aux combinaisons inflammables, ni peut-être même, autant du moins que nous pouvons en juger jusqu'ici avec certitude, aucun oxide pur, c'est-
à-dire l'alumine dans un état non combiné. La
plupart des systèmes de minéralogie admettent
à la vérité une classe de pierres précieuses et de
pierres très-dures, qu'ils considèrent comme de
l'alumine pure : ainsi, par exemple, Klaproth
a trouvé que le saphir était de l'alumine pure
colorée par un peu d'oxide de fer ; mais Chenevix a montré par l'emploi d'une nouvelle mé-

thode analytique , que dans ce même saphir, il y avait $3\frac{1}{4}$ p. 100 de silice , et 7 p. 100 de cette substance dans le rubis. Il est cependant possible que ces proportions de silice soient entièrement accidentelles. Peut-être ces minéraux doivent-ils être considérés comme de l'alumine pure, mélangée avec un silicate qui a excès de base.

Une autre classe de ces minéraux durs contient l'alumine combinée avec un corps d'une nature plus complètement électropositive qu'elle. Par exemple, avec la magnésie dans le spinelle , et avec l'oxide de zinc dans le gahnite. Si par la suite, il peut être rendu vraisemblable que les petites portions de silice que l'on y trouve, ne soient que des mélanges accidentels, alors ces combinaisons seront de vraies *aluminiates* dans lesquelles l'alumine remplit la place de l'acide, et n'appartiendront plus par conséquent à la famille de l'alumine, mais à celles de leurs bases. L'analogie qui a lieu entre le spinelle et le gahnite est de la même nature que celle qui existe entre le sulfate de magnésie et le sulfate de zinc, et entre le sulfate de baryte et celui de strontiane.

Selon Ekeberg, le gahnite contient :

```
Alumine   . . 60.00. ⎫  contenant   ⎰ 28.2  12 ou 6.
Oxide de zinc 24.25. ⎭   oxigène     ⎱  4.8   2     1.
Oxide de fer.  9.25.  comme oxi-       2.0   1.
Silice . . .   4.75.      dule         2.2   1.
```

On peut considérer ce minéral de plusieurs manières. Si nous ne faisons pas attention au fer et à la silice, ce sera un *alumininias zincicus*, dans lequel l'alumine contient six fois l'oxigène de l'oxide de zinc, ZiA^6, et qui peut être coloré par le *silicias ferrosus*. D'un autre côté il peut encore être composé d'un double aluminiate de zinc et de fer, c'est-à-dire former un *trialuminias ferroso-zincicus*, de sorte que l'alumine, dans toutes ces combinaisons simples, contient trois fois autant d'oxigène que le corps avec lequel elle se trouve combinée. Dans ce cas, la composition serait $fA^3 + 2ZiA^3 + A^3S$.

La spinelle *d'Aker* est composée d'après mon analyse de la manière suivante :

Alumine . 72.25.	contenant	33.93	36 ou 6.
Magnésie . 14.63.	oxigène	5.56	6. 1.
Silice . . . 5.48.	comme pro-	2.64	3.
Oxide de fer 4.26.	toxide	0.35	1.

L'alumine est encore ici évidemment dans la même proportion avec la magnesie que dans le minéral précédent avec l'oxide de zinc, quoique les quantités relatives d'oxide de fer et de silice n'y soient pas les mêmes. Cette circonstance fournit une autre probabilité en faveur de l'idée que ces minéraux sont de vrais aluminiates d'oxide de zinc et de magnésie, à la composition desquelles l'oxide de fer et la silice n'appartiennent peut-être que comme mélanges mécaniques. Les expériences que l'on fera dans la suite, éclairciront cette conjecture.

Premier ordre, Sulfates.

Première espèce, *Subsulphas aluminicus*, alumine natif de Halle en Allemagne et de Sussex en Angleterre. Dans ce minéral l'alumine contient la même quantité d'oxigène que l'acide, et l'eau de cristallisation en contient trois fois autant.

Deuxième ordre, Fluates.

Première espèce, *Subfluas aluminicus*, Wavellite de Babington. L'analyse de Davy établit qu'il est composé d'alumine, d'eau et d'acide fluorique. Le rapport de l'eau à l'alumine prouve que ce que Davy a pris pour de l'alumine pure contient aussi de l'acide fluorique.

Deuxième espèce, *Fluas aluminico-natricus*, Chryolite.

		Analysé par Klaproth,			par Vauquelin.	
Soud e	36.9.	} contenant	9.5	32.	} contenant	8.2.
Alumine . . .	24.0.	oxigène	11.2	21.	oxigène	9.2.
Acide fluor. eau	40.1.			47.		

La différence dans le résultat de ces deux analyses donne à connaître que ni l'une ni l'autre ne sont peut-être entièrement exactes. En attendant elles se rapprochent de si près, que l'on voit que les deux bases doivent contenir l'oxigène en égale quantité. Si la quantité de la soude

se trouve moindre , cela provient de la longueur
de l'opération nécessaire pour l'extraire , et par
un effet de laquelle une perte est inévitable.
Dans les fluates l'acide contient autant d'oxigène
que la base. Admettons maintenant que ce sel
est composé d'une molécule de fluate neutre de
soude , d'une particule de fluate d'alumine et
d'une particule d'eau , et le calcul donnera sa
composition en pour cent comme il suit :

$$\begin{array}{l} \text{Soude . · . . } 40.00. \\ \text{Alumine . . . } 21.73. \\ \left.\begin{array}{l} \text{Acide fluorique } 26.66. \\ \text{Eau . . . . . . } 11.61. \end{array}\right\} = 38.17. \end{array}$$

L'analyse de Klaproth s'accorde assez avec
cette composition pour constituer une approxi-
mation, sur-tout , si comme je l'exposerai dans
la suite, on considère que l'alumine dans l'analyse de la plupart des minéraux fluatés est toujours trop haute à cause d'une petite quantité
d'acide fluorique retenu.

Troisième ordre , Fluo-silicates.

Cet ordre est constitué par la famille des topazes. Il est connu que l'acide fluorique a la propriété de s'unir avec l'acide borique et avec la si
lice, avec lesquels il forme des gaz acides particuliers qui peuvent être appelés *acidum boracico fluoricum , acidum silicico fluoricum ,* et leurs combinaisons avec les bases *fluoborates , fluosilicates.*
Les fluoborates ont été décrits d'une manière

très-intéressante par Gay-Lussac et Thenard.
Mais les fluo-silicates quoiqu'ils soient bien plus
remarquables et qu'ils aient été connus depuis
long-temps, n'ont jamais été l'objet d'un pareil
examen théorique. Richter avait déjà décrit plusieurs fluo-silicates, Neue Gegenstände, IV, 53-76,
particulièrement ceux de potasse de soude , de
chaux, de magnésie et de baryte; plus récemment
John Davy a examiné avec beaucoup de soin l'acide
silico fluorique et le fluosilicate d'ammonniaque. Il
a trouvé que 100 parties d'acide fluorique se combinent avec 159 parties de silice, et que ces 259
parties peuvent se combiner avec 84,33 d'ammoniaque, cependant ces données ne sont point
assez exactes pour qu'on puisse calculer la quantité de chaque autre base nécessaire pour la saturation de ce double acide.

Je dois aussi observer, que, après qu'il a
formé un sel, ce sel doit être considéré comme
double et composé de fluate et de silicate ;
par où il arrive nécessairement qu'une molécule
de fluate puisse être combinée avec 2, 3, 4
molécules du silicate, de la même manière qu'une
molécule de fluate peut être combinée avec
1, 2, 3 molécules du bisilicate, et qu'une
molécule de sousfluate peut être combinée avec
une ou plusieurs molécules de silicates, et plusieurs autres variations. La différence qui règne

dans les résultats analytiques de la famille des topazes, m'a engagé à calculer quelques-unes de ces possibilités, et à les exprimer en pour cent, de manière qu'elles puissent être comparées avec les analyses.

J'ai admis comme base de ce calcul, d'après les expériences que je considère comme les plus exactes, que les quantités d'acide fluorique, de silice et d'alumine qui contiennent une égale quantité d'oxigène, sont entre elles comme 412.5, 596. 596.42 et 642.32. Dans la formule suivante j'ai marqué l'acide fluorique par Fl.

	Formules. $AFl^2 + AS^2$	$AFl + AS$	$AFl + 2AS.$
Alumine	38.9	56	54.5.
Silice	36.1	26	33.8.
Acide fluorique.	25.0	18	11.7.

	Formules. $AFl + 3AS$	$AFl + 4AS$	$AFl + 5AS$
Alumine	53.85	53.5	53.1.
Silice	37.50	39.6	41.2.
Acide fluorique	8.65	6.9	5.7.

	Formules. $AFl + 6AS$	$2AFl + AS$	$A^2Fl + AS.$
Alumine	53.1	47.6	65.6.
Silice	42.1	30.3	20.3.
Acide fluorique	4.8	22.1	14.1.

	Formules. $A^2Fl + 2AS$	$A_2Fl + 3AS$	$A^2Fl + 4AS.$
Alumine	61.5	59.32	58.0.
Silice	28.5	33.06	35.8.
Acide fluorique	10.0	7.62	6.2.

	Formules. $AFl + AS^2$	$A^2Fl + 2AS^2$	$A^2Fl3 + 3AS^2$
Alumine	45.4	48.0	44.6.
Silice	40.0	44.3	49.7.
Acide fluorique	14.6	7.7	5.7.

6

On pourra peut-être, au premier coup-d'œi
douter de la réalité des deux dernières form
les ; cependant je regarde comme très-probab
qu'une molécule d'acide fluorique, au moyen (
la grande force de son affinité, peut retenir de⟮
molécules d'alumine avec une force égale,
peut-être même plus grande que celle avec l⟮
quelle deux molécules de silice retiennent u⟮
molécule d'alumine.

On aperçoit facilement que les différenc⟮
entre les proportions des pour cent dans l⟮
compositions calculées, sont si petites, que ⟮
manière dont ces minéraux ont été analysés ju⟮
qu'ici, ne peut rien déterminer relativement ⟮
leur composition plus intime, ou à la formule p⟮
laquelle celle-ci doit être indiquée.

La famille des topazes renferme la pycnite⟮
le pyrophysalite, et les topazes précieuses et o⟮
dinaires.

Voici le résultat des analyses :

	Pycnite.			Pyrophysalite.
	Buchholz.	Vauquelin.	Klaproth.	Hisinger.
Alumine . . .	48.	52.0.	49.5.	53.25.
Silice	34.	36.8.	43.0.	32.88.
Acide fluorique	17.	5.8.	4.0.	10.00.

Topaze de Saxe, de Sibérie, jaune du Brésil, Blanche.

	Klapr.	Vauq.	Vauquel.	Klapr.	Vauq.	Vauquel.
Alumine .	59.	49.	48.	47.5.	47.	50.
Silice . . .	35.	29.	30.	44.5.	28.	29.
Acide fluor.	5.	20.	18.	7.	17.	19.

Très-peu de ces résultats sont d'accord avec les formules calculées ; mais il suffit de comparer les analyses de la topaze de Saxe et celle du Brésil, par Klaproth et Vauquelin, pour voir tout de suite que quelqu'erreur cachée , doit avoir donné lieu à ces différences. Par exemple , Klaproth a trouvé que la topaze de Saxe ne contient que 5 p. 100 d'acide fluorique , mais que par une forte chaleur incandescente au feu de forge , elle perd 22 p. 100 , ce qui fait presque deux fois autant que cela' n'eût dû être , si les 5 p. 100 d'acide avaient disparu pendant la chaleur , étant saturés avec de la silice. Dans l'analyse de la topaze de Finbo, qui est connue sous le nom de *pyrophysalite,* que nous avons faite M. Hisinger et moi (Afhandl. i Fysik, *etc.*, I , 114) , nous avons observé que lorsque l'alumine , après avoir été précipitée de sa dissolution dans la potasse caustique par le sel ammoniac , est chauffée doucement jusqu'au rouge, elle ne subissait aucun changement extraordinaire ; mais si en l'exposant à une chaleur blanche dans un creuset, on ôte ensuite soudainement le couvercle , la masse produit de la fumée , et on trouve le couvercle plus ou moins attaché au creuset par une substance sublimée , qui est un sel à base d'alumine, probablement le fluate , et qui est soluble dans l'eau : 119 parties d'alumine .

6.

calcinées à une chaleur rouge, perdent, lorsqu'on les expose à un feu incandescent, encore
9 parties de leurs poids. Cette circonstance
prouve qu'une partie de l'acide fluorique se précipite avec l'alumine, malgré l'excès d'alkali que
l'on y ajoute. Si l'on calcine ce précipité légère-
ment, son poids sera trop grand, et si on lui
donne un coup de feu plus fort, son poids de-
viendra trop petit ; puisque dans le premier cas,
l'alumine retient de l'acide fluorique, et dans le
dernier, l'acide, en se volatilisant, enlève une
partie de l'alumine, et par conséquent le résultat
restera toujours inexact. Aussi est-il probable
que lorsque ces analyses seront répétées, en faisant attention aux circonstances dont nous venons de parler, leurs variations seront réduites
à un très-petit nombre de formules bien simples (1).

Quatrième ordre, Silicates.

PREMIÈRE SOUS-DIVISION. Silicates simples.

Première espèce, *Silicias aluminicus*, néphé-

____

(1) L'auteur a, quelque temps après la première publication de cette partie de son travail, analysé plusieurs espèces de topazes, et il a trouvé que la topaze de Saxe, de
Brésil et de Fahlun (la pyrophysalite) ont la même composition $= A^2Fl + 3AS$, mais que la pycnite paraît être
$AFl + 3AS$.

line. *Voyez* ci-dessus les exemples des silicates simples, pag. 27. Sa composition est $= AS$.

Deuxième espèce, *Subsilicias trialuminicus*, collyrithe, analysée par Klaproth, Beytr. I, 252.

Alumine 45. } contenant { 21.00 3 45.57.
Silice . 14. } oxigène { .7.02 1 14.30.
Eau . . 42. } { 37.00 5 40.13.

Ce minéral est par conséquent $A^3 S + 5 \, Aq$. La quantité d'eau renfermée dans ce minéral est certainement trop grande, puisque la collyrithe est une substance pulvérulente, argileuse, probablement chargée d'une certaine quantité d'eau hygrométrique, comme cela a toujours lieu avec l'argile.

DEUXIÈME SOUS-DIVISION. Doubles silicates.

PREMIER GENRE. *Silicates à base de glucine et d'alumine.*

Première espèce, *Bisilicias aluminicus*, avec *quadrisilicias beryllicus*, émeraude, béryl. Mon analyse ; Afhandl. i Fysik, IV, 1492.

Silice . . . 68.64. } contiennent { 34.2 8 67.98.
Alumine . . 17.96. } oxigène { 8.5 2 18 30.
Glucine . . 13.40. } { 4.2 1 13.72.

La silice semble ici être partagée également entre les deux bases ; et la tendance décidée de la glucine pour former des sels à excès d'acide, prévaut aussi dans cet exemple, puisqu'elle prend, par rapport à l'oxigène qu'elle contient, deux fois autant de silice, que ne fait l'alumine. La formule qui exprime sa composition est donc $GS^4 + 2AS^2$.

Deuxième espèce, *Euclase.* Cette pierre a été analysée par Vauquelin. L'analyse a donné : silice 36, alumine 39, glucine 15, oxide de fer 3, et perte 27. Aussi long-temps que la nature de la substance perdue sera inconnue, on ne saura point soumettre ce résultat au calcul.

DEUXIÈME GENRE. *Silicates à base de chaux et d'alumine.*

Première espèce, *Trisilicias calcicus* avec *bisilicias aluminicus*, stilbite farineux, analysé par M. Hisinger. Afh. i Fysik, Kemi, etc., **VI**, p. 177.

Silice . 53.76.		27.00	9	53.9.
Alumine 18.47.	contenant	8.69	3	19.4.
Chaux . 10.90.	oxigène	3.08	1	10.7.
Eau . . 11.23.		9.77	3	10 2.

Ce minéral est donc $CS^3 + 3\ AS^2 + 3\ Aq$.

Deuxième espèce, *Bisilicias aluminico - calcicus,* Laumonite, analysé par Vogel, Journ. de Physique, 1810, 64.

Silice	. 49.0.			24.60	10	4.8,20.
Alumine	22.0.	contenant		10.27	4	20.15.
Chaux	. 9,0.	oxigène		2 52	1	8-.53.
Eau	. . 17.5.			15.44	6	16.27.

Ce minéral est donc $CS^2 + 4\,AS^2 + 6\,Aq.$

Troisième espèce, *Silicias aluminico-calcicus,* parenthine vitreuse d'Arendahl, analysée par Laugier, Journ. de Physique, L. VIII, 36.

Silice	. . . . 45 0.			22.50	4	44.66.
Alumine	. . . 33.0.	contenant		15.41	3	34.06.
Chaux	. . . . 17.6.	oxigène		4.92	1	18.88.
Soude, potasse, oxide de fer	3.0.					

Ce minéral est donc $CS + 3\,AS$, mélangé d'une très-petite quantité de silicates doubles à base d'alumine et d'alkali.

TROISIÈME GENRE. *Silicate à base d'alumine et de baryte.*

Espèce unique, *Quadrisilicias bariticus* avec *bisilicias aluminicus,* harmotome, analysé par Klaproth, Beytr. II, 83.

Silice	. 49.			25. 0	12	47.19.
Alumine	16.	contenant		7.52	4	16.81.
Barite	. 18.	oxigène		1.89	1	18.62.
Eau	. . 15.			13.23	7	15.38.

Ce minéral est donc $BS^4 + 4\,AS^2 + 7\,Aq.$ Cependant il faut ajouter que cette pierre demande à être analysée de nouveau, parce que nous en avons une autre analyse par M. Tassaert, laquelle se trouve parfaitement d'accord avec la formule $BS^2 + 6\,AS^2 + 7\,Aq$, composition qui me paraît beaucoup plus vraisemblable que celle qui résulte de l'analyse de Klaproth.

QUATRIÈME GENRE. *Silicates à base de soude et d'alumine.*

Première espèce, *Trisilicias natricus* avec *silicias aluminicus*, mésotype, analysée par Klaproth, Beytr. V, 49.

Silice . . . 48 oo.	}	contenant	{	24.12	6	48.64.
Alumine . . 24.25.		oxigène		11.32	3	26.19.
Soude . . . 16.5o.				4.21	1	15.93.
Eau . . . . o.oo.				7.94	2	9.24.
Oxide de fer 1.75.						

Ce minéral est donc $N^c3 + 3\,AS + 2\,Aq$.

Deuxième espèce, *Silicias aluminico-natricus*, tourmaline apyre, analysée par Klaproth, Beytr. V, 90.

Silice . . 43.5o.	}	contenant	{	21.90	10	44.07.
Alumine . 42.25.		oxigène		19.73	9	42.13.
Soude . . 7.00.				2.3o	1	8.55.

Ce qui donne $NS + 9\,AS$.

CINQUIÈME GENRE. *Silicates à base de potasse et d'alumine.*

Première espèce, *Trisilicias aluminico-kalicus*, feldspath.

Voici les résultats de plusieurs analyses.

	Vauquelin.		Klaproth.	Rose.
Silice . . .	64	62.33.	68.o.	66.75.
Alumine .	20	17.02.	15.0.	17.50.
Potasse . .	14	13.00.	14.5.	12.00.
Chaux . . .	2.	3.00.		1.25.
Oxide de fer		1.00.		0.75.

Ces résultats diffèrent, mais ils se rapprochent tous de la formule $KS^3 + 3 AS^3$, c'est-à-dire dans laquelle la potasse est à l'alumine comme dans l'alun, et l'oxigène de la silice est à celui des deux bases dans le même rapport que l'oxigène de l'acide sulphurique à celui des bases dans l'alun. En calculant la composition du feld-spath d'après cette formule, on trouve :

Silice . . . . . 65.94.
Alumine . . . 17.75.
Potasse . . . 16.31.

En défalquant les impuretés trouvées par les analyses précédentes, ces nombres s'accordent fort bien avec leurs résultats.

Deuxième espèce, *Trisilicias kalicus*, avec *bisilicias aluminicus*, méïonite, analysé par Arfwedson, Afh. i Fysik, Kemi, etc., VI, 259.

Silice . . .	58.70.		contenant oxigène	29.138	9	59.3.
Alumine . .	19.95.			9.316	3	21.1.
Potasse . .	21.40.			3.638	1	19.6.
Chaux . . .	1.35.					
Oxide de fer	0.40.					

Ce minéral est donc $KS^3 + 3 AS^2$

Troisième espèce, *Bisilicias aluminico-kalicus*, amphigène, analysé par Arfwedson, *ibid.*, p. 261.

Silice . . . 56.10.
Alumine . 23.10.
Potasse . 21.15.
} contenant oxigène {
28.2   8   56.35.
10.8   3   22.76.
3.6   1   20.89.

Oxide de fer 0.95.

Cette analyse coïncide presqu'entièrement avec le résultat calculé de la formule $KS^2 + 3\,AS^2$.

TROISIÈME SOUS-DIVISION. Silicates à bases triples et quadruples.

PREMIER GENRE. *Grenats à base triple.*

Première espèce, *Grenat de Broddbo*, analysé par M. d'Ohsson (Mémoires de l'Académie des sciences de Stockholm, l'an 1817, p. 25.

Silice . . . . 39.00.
Alumine . . . . 14.30.
Oxidule de fer . . . . 15.44.
Oxidule de manganèse 27.90.
} contenant oxigène {
19.61   6   39.0.
6.68   2   14.1.
3.50   1   14.4.
6.31   2   29.7.

Oxide d'étain avec traces de silice et d'acide tunstique . . . . 1.09.

Ce grenat est donc $fS^2 + 2\,mgS + 2\,AS$.

Deuxième espèce, *Grenat de Finbo*, analysé par M. Arrhénius, Afhandl. i Fysik, Kemi, etc., VI, 220.

Silice . . . . 42.08.
Alumine . . . . 17.75.
Oxidule de fer . . . . 19.26.
Oxidule de manganèse 19.66.
} contenant oxigène {
20.88   5   42.90.
8.28   2   18.44.
4.38   1   19.00.
4.31   1   19.66.

Chaux . . . . 1.24.
Perte . . . . 0.01.

Ce grenat est donc $fS^2 + mgS + 2 AS$.

Troisième espèce, *Grenat de Dannemora*, analysé par M. Murray, Afhandl. i Fysik, Kemi, etc., II, 198.

Silice . . . . 34,54.			17.14	9	38.5.
Alumine . . . . . 18.07.	contenant	8.43	4	18.9.
Chaux . . . . 16.56.	oxigène	4.56	2	15.1.
Oxidule de manganèse 21.10.		4.60	2	19.4.
Oxidule de fer . . . . 9.03.		2.04	1	9.3.
Magnésie . . . . . . 0.56.				

Le résultat trouvé n'est pas entièrement d'accord avec le résultat calculé ; mais cela ne peut guère être autrement dans une analyse aussi compliquée. On voit toujours que la composition de ce grenat ne peut être que $fS + 2\ mgS + 2\ CS + 4\ AS$, si toutefois il se laisse prouver dorénavant que tant de bases différentes peuvent former une seule combinaison chimique.

DEUXIÈME GENRE. *Diverses espèces de mica.*

Première espèce, *Mica foliacé*, analysé par Klaproth, Beytr. V, 69.

Silice . . . 48.00.	contenant	23.00	16	48.00.
Alumine . . 34.25.	oxigène	16.00	12	36.00.
Potasse . . 8.75.		1.48	1	8.37.
Oxide de fer 4.50.		1.37	1	4.63.

Le mica est donc $KS^3 + FS + 12\ AS$.

Deuxième espèce, *Mica argentin de Zinnwalde*, analysé par Klaproth, Beytr. V, 69.

Silice . . . 47.0.		24.56	9	45.05.
Alumine . . 20.0.	contenant	9.52	4	21.25.
Potasse . . 14.5.	oxigene	2.46	1	14.50.
Oxide de fer 15.5.		4.65	2	16.10.

Il est donc $KS^3 + 2FS + 4AS$.

Troisième espèce, *Mica noir de Sibérie*, analysé par Klaproth, Beytr. V, 78.

Silice . . . 42.0.		21.10	12	41.69.
Alumine . . 11.5.		5.37	3	11.08.
Chaux . . . 10.0.	contenant	1.70	1	10.18.
Magnésie. . 9.0.	oxigène	3 42	2	9.07.
Oxide de fer 22.0.		6.60	4	22.48.

La formule qui exprime la composition de ce mica est $KS^3 + 2MS + 3AS + 4FS$.

Je n'oserai pas assurer que les résultats des analyses de ces silicates triples ou quadruples, ainsi que les *formules* que j'ai calculées, puissent être exactes. Je les donne seulement comme des exemples comment ces minéraux probablement sont composés. L'analyse minéralogique n'est point encore portée à un tel degré d'exactitude que l'on puisse s'y fier avec certitude, lorsque les ingrédients sont nombreux. Nous ignorons encore quel est le plus grand nombre de silicates simples qui peuvent s'unir de manière à ne faire qu'un seul silicate composé, et nous ne faisons qu'entrevoir, pour ainsi dire, les rapports dans lesquels certaines substances se combinent par préférence dans le règne minéral. Nous avons vu, par exemple, que l'alumine se combine avec la potasse, la soude et la chaux pour la plupart du temps dans un tel rapport, que l'oxigène de l'alumine est 3 fois celui de l'autre base salifiable. Il se présente encore des cas où l'oxigène de l'alumine est 6 et 9 fois celui de l'autre base, de manière que l'on a lieu de soupçonner que les sels à base d'alumine se combinent par préférence avec des sels à d'autres bases, dans des rapports qui sont des multiples de 3 par 1, 2, 3, 4, 5, etc., et il est à présumer que l'oxigène de l'alumine ne sera jamais 7, 8, 10 fois, etc. celui de l'autre base combinée avec elle.

J'ose espérer que les idées minéralogiques dont je viens de faire ici le développement, pourront conduire à un système de Minéralogie fixe, convaincu que je suis qu'elles donneront un intérêt nouveau et des vues nouvelles à l'étude de la Minéralogie. Elles font voir la nécessité de chercher dans l'analyse minérale un plus grand degré d'exactitude, que l'on n'a tâché d'obtenir jusqu'ici ; puisque les avantages scientifiques résultant d'un plus grand degré de précision, n'ont point jusqu'ici suffisamment compensé les dificultés qu'ils occasionent à celui qui s'occupe de cette espèce de recherches.

Sur la manière de calculer les analyses minéralogiques.

Les calculs que j'ai indiqués dans ce qui précède, se fondent sur la détermination de capacité des corps inflammables pour l'oxigène que j'ai déjà fait connaître il y a quelque temps dans un traité séparé. Je vais extraire ici de ce traité ce qui peut avoir du rapport avec mon travail actuel, et ce qui peut être nécessaire pour établir ou pour contrôler les calculs des analyses minérales.

La cause des proportions chimiques doit se trouver dans quelque circonstance apparemment mécanique, relative aux corps élémentaires dans leur état isolé, sur la nature de laquelle nous devrons probablement nous contenter assez long-temps de simples conjectures.

Lorsque l'on se représente les éléments dans leur état isolé primitif, on peut les considérer ou 1° comme des *corps solides*, composés de molécules d'une petitesse extrême, et qui, dans cet état de concrétion, sont placées les unes à côté des autres, en occupant une espace limité; ou 2° comme des *gaz*, composés de parties qui se fuient les unes les autres à la plus grande distance possible, et qui se répandent de manière que les distances entre elles sont égales.

Dans le premier cas, un *raisonnement incontestable* nous dit, que lorsque plusieurs éléments sont combinés en un corps composé, cela doit avoir lieu de manière qu'une petite particule ou molécule de l'un, est combinée avec une, deux, trois ou plus de particules de l'autre ; par où nous entrevoyons une cause pour les proportions multiples.

Dans le second cas, au contraire, lorsque les corps sont considérés comme des gaz, l'*expérience* nous a appris que ces corps se combinent en volumes égaux, ou qu'un volume d'un gaz en prend deux, trois ou davantage de l'autre ; d'où il suit par conséquent, que ce qui est appelé *particule* dans un cas, prend le nom de *volume* dans l'autre, et que les deux cas, relativement à la doctrine des proportions chimiques, sont une seule et même chose, en sorte qu'il est indifférent d'employer l'une ou l'autre manière de considérer cet objet.

Dans ce qui précède, j'ai de préférence suivi la première, quoiqu'elle présente aussi des difficultés qui ne peuvent être levées ni écartées immédiatement, parce qu'elle s'accorde mieux avec notre manière ordinaire de voir, et de nous représenter les corps et leur composition.

La *théorie corpusculaire*, c'est ainsi que je voudrais appeler ce mode de représentation, n'admet pas de pénétration des corps dans la combinaison chimique, et nous permet de conjecturer que leur propriété de s'attirer l'un l'autre, et de se combiner chimiquement sous un phénomène de feu ou de combustion plus ou moins perceptible, provient d'une polarité électrique dans les plus petites parties de force variable dans les différents corps, et par laquelle la charge électrique d'un pôle a une intensité plus forte que celle de l'autre. Par-là nous apercevons, 1° une cause probable de l'électricité produite par le contact de corps hétérogènes ; 2° qu'un corps est électro-positif ou électro-négatif, suivant que tel ou tel pôle domine, et qu'il s'ensuit en quelque sorte ; 3° que si cette hypothèse est fondée, l'affinité chimique et la polarité des molécules reviennent à une seule et même chose. (J'ai essayé de donner un plus grand développement à ces idées dans le Journal of Philos. chimistry, etc., de Nicholson, XXXIV, pag. 153.)

Les difficultés auxquelles la théorie corpusculaire est sujette, viennent sur-tout de ce qu'il y a des corps dans lesquels toutes les circonstances semblent démontrer maintenant l'existence d'une demi-molécule, dont cependant on ne saurait admettre la supposition, ainsi que la construction des molécules des corps composés, particulièrement de ceux dans lesquels le nombre des molécules élémentaires est très-grand. Cette difficulté est moins sensible dans la nature inorganique, parce que le plus grand nombre de corps composés est constitué de manière que du moins l'un de ses ingrédients n'entre que pour une seule molécule, et forme l'unité, ou la molécule fondamentale. Dans le plus grand nombre des cas, c'est l'élément le plus électro-positif qui constitue cette molécule fondamentale, autour de laquelle nous pouvons nous représenter les autres disposées dans un ordre entièrement dépendant des pôles électriques de cette même molécule fondamentale. Mais la construction dans la nature organique est entièrement différente ; les molécules de trois, quatre, ou plus d'éléments, dont souvent aucune n'est l'unité, ou la molécule fondamentale, sont réunies ici en une seule molécule composée, dont il n'est pas facile de concevoir la structure d'une manière probable et satisfaisante. Ainsi, par exemple, l'acide tartarique est formé de quatre molécules de carbone, de cinq d'hydrogène et de cinq d'oxigène ; l'acide muqueux de six molécules de carbone, de dix d'hydrogène, de huit d'oxigène, etc. Cependant il faut observer que des difficultés ne sont pas des réfutations, et que ce qui ne peut être conçu par une seule personne, ou à une certaine époque, pourra être découvert aisément au moyen de recherches ultérieures, par une autre personne ou à une autre époque.

La *théorie des volumes*, c'est ainsi que j'appelle la représentation des corps sous forme gazeuse, ne permet pas toutes ces spéculations, et se borne aux phénomènes qui peuvent être prouvés par l'expérience. Je la considère comme un fil qui pourra nous retenir dans le chemin de la vérité, pendant que nous essayerons de pénétrer plus avant, par nos recherches dans les secrets de la théorie corpusculaire.

Comme il est ainsi établi que les corps inorganiques consistent en une molécule ou volume d'un corps élémentaire, combinée avec une ou plusieurs molécules ou volumes d'un autre corps élémentaire, il est naturellement d'un grand intérêt pour la chimie de connaître combien de molécules de chaque élément entrent dans les corps composés. La solution de cette question est difficile, et ne saurait être obtenue maintenant pour tous les corps composés. Dans les combinaisons formées d'après le principe de la composition dans la nature inorganique, on n'a besoin que de chercher le nombre de volumes de l'oxigène dans les oxides ; et, lorsqu'il a été trouvé, on peu aisément, d'après les résultats de nos analyses ordinaires, calculer le nombre des molécules. Mais dans les corps formés d'après le principe de la composition dans la nature organique, cela devient infiniment plus difficile, et demande des expédients et des calculs, que j'ai exposés dans un travail sur les lois des proportions définies dans la nature organique, quoique ce travail ne soit pas encore assez développé pour qu'on puisse en faire l'application à la classe des minéraux qui semblent être les débris d'une organisation ancienne.

Pour déterminer le poids de chaque molécule d'un corps, ou, ce qui est la même chose, de son poids spécifique sous forme gazeuse, nous le comparons avec celui de l'oxigène, qui est la mesure universelle dans la doctrine des proportions chimiques. Dans le traité dont je ne donne ici que l'extrait, j'ai établi toutes les expériences dans lesquelles les poids ont été déduits, et j'ai aussi essayé de déterminer les limites dans lesquelles le résultat des analyses est probablement incorrect. J'ai aussi établi les bases sur lesquelles je me suis hasardé de déduire le nombre des molécules d'oxigène dans la plupart des oxides ; mais il serait trop long d'en donner un extrait ici.

Dans la table suivante, la première colonne

indique le nom du corps en latin, la seconde le nom français, la troisième le signe chimique, et la quatrième le poids de chaque molécule, ou le poids spécifique du corps sous forme gazeuse, comparé avec celui du gaz oxigène comme unité.

TABLE PREMIÈRE.

Noms latins.	Noms français.	Sig. chim.	Poids de l'atome.
Oxigenium	Oxigène	O	100.00
Sulfur	Soufre	S	201.16
Phosphorus	Phosphore	P	392.31
Radicale muriaticum	Radical muriatique	M	142.65
fluoricum	fluorique	F	75.05
Boron	Bore	B	69.65
Carbonicum	Carbone	C	75.33
Radicale nitricum	Radical nitrique	N	76.63
Hydrogenium	Hydrogène	H	6.64
Selenium	Selenium	Se	495.91
Arsenicum	Arsenic	As	940.77
Molybdænum	Molybdène	Mo	596.80
Chromium	Chrôme	Ch	703.64
Wolframium	Tungstène	W	1207 69
Tellurium	Tellure	Te	806.45
Stibium	Antimoine	Sb	1612.90
Tantalum	Tantale	Ta	1823.15
Titanium	Titane	Ti	
Silicium	Silicium	Si	296.42
Zirconium	Zirconium	Zr	
Osmium	Osmium	Os	
Iridium	Iridium	T	
Rhodium	Rhodium	R	1500.10
Platinum	Platine	Pl	1215.23
Aurum	Or	Au	2486.00
Palladium	Palladium	Pa	1407.50
Hydrargyrum	Mercure	Hy	2531.60
Argentum	Argent	Ag	2903.21
Cuprum	Cuivre	Cu	791.39
Nicolum	Nickel	Ni	739.51
Cobaltum	Cobalt	Co	736.00
Bismuthum	Bismuth	Bi	1773.80
Plumbum	Plomb	Pb	2589.00
Stannum	Etain	Sn	1470.50

Noms latins.	Noms français.	Sig. chim.	Poids de l'atome.
Cadmium	Cadmium	Cd	1393.54
Ferrum	Fer	Fe	678.43
Zincum	Zinc	Zn	806.45
Manganium	Manganèse	Mn	711.57
Uranium	Urane	U	3146.86
Cerium	Cerium	Ce	1149.84
Yttrium	Yttrium	Y	805.14
Beryllium	Glycium	G	682.56
Aluminium	Aluminium	Al	342.33
Magnesium	Magnesium	Mg	316.72
Calcium	Calcium	Ca	512.06
Strontium	Strontium	Sr	1094.60
Barium	Barium	Ba	1713.86
Lithium	Lithium	L	255.63
Natrium	Sodium	Na	581.84
Kalium	Potassium	K	979.83

TABLE DEUXIÈME,

Indiquant le nombre de molécules d'oxigène dans les oxides jusqu'ici connus, en prenant les radicaux comme une molécule.

Noms latins.	Noms français.	Atomes.
Acidum sulfuricum	Acide sulfurique	3
sulphurosum	sulfureux	2
phosphoricum	phosphorique	5
phosphorosum	phosphoreux	3
muriaticum	muriatique	2
Superoxidum muriatosum	Chlore	3
muriaticum	Protoxide de chlore	4
Acidum oximuriatosum	Acide chloreux	6
oximuriaticum	chlorique	8
nitricum	nitrique	6
nitrosum	nitreux	4
Oxidum nitricum	Gaz nitreux	3
nitrosum	oxide d'azote	2
Suboxidum nitricum	Azote	1
Acidum fluoricum	Acide fluorique	2
carbonicum	carbonique	3
boracicum	borique	2
Suboxidum carbonicum	Gaz oxide de carbone	1
Aqua	Eau	2

Noms latins.	Noms français.	Atomes.
Acidum selenicum	Acide sélénique	2
arsenicium	Arsénique	5
arsenicosum	arsenieux	3
molybdicum	molybdique	3
Oxidum molybdicum	Oxide de molybdène	1
Acidum chromicum	Acide chromique	9
Oxidum chromosum	Oxide de chrôme vert	2
Acidum wolframicum	Acide tunstique	3
Oxidum wolframicum	Oxide de tunstène	2
Acidum stibicum	Acide antimonique	5
stibiosum	antimonieux	4
Oxidum stibicum	Oxide d'antimoine	3
Oxidum telluricum	de tellure	2
Silica	Silice	3
Oxidum rhodicum	Tritoxide de rhodium	3
rhodeum	Deutoxide de rhodium	2
rhodosum	Protoxide de rhodium	1
platinicum	Deutoxide de platine	2
platinosum	Protoxide de platine	1
auricum	Deutoxide d'or	3
aurosum	Protoxide d'or	1
palladicum	Oxide de palladium	2
argenticum	d'argent	2
hydrargyricum	Deutoxide de mercure	2
hydrargyrosum	Protoxide de mercure	1
cupricum	Deutoxide de cuivre	2
cuprosum	Protoxide de cuivre	1
niccolicum	Oxide de nickel	2
cobalticum	de cobalt	2
Superoxidum cobalticum	Peroxide de cobalt	3
Oxidum bismuthicum	Oxide de bismuth	2
plumbicum	Peroxide de plomb	4
Superoxidum plumbosum	Deutoxide de plomb	3
plumbicum	Protoxide de plomb	2
Oxidum stannicum	Deutoxide d'étain	4
stannosum	Protoxide d'étain	2
cadmicum	Oxide de cadmium	3
ferricum	Deutoxide de fer	3
ferrosum	Protoxide de fer	2
zincicum	Oxide de zinc	2
Superoxidum manganicum	Peroxide de manganèse	4
Oxidum manganicum	Deutoxide de manganèse	3
manganosum	Protoxide de manganèse	2
uranicum	Deutoxide d'urane	3
uranosum	Protoxide d'urane	2
cericum	Deutoxide de cérium	3
cerosum	Protoxide de cérium	2
Yttria	Yttria	3

Noms latins.	Noms français.	Atomes.
Beryllia	Glucine	3
Alumina	Alumine	3
Magnesia	Magnésie	2
Calx	Chaux	2
Strontia	Strontiane	2
Baryta	Baryte	2
Lithion	Lithine	2
Natron	Soude	2
Superoxidum natricum	Peroxide de sodium	3
Kali	Potasse	2
Superoxidum kalicum	Peroxide de potassium	6

Avec le secours de cette table et de la précédente, la composition numérique de chacun de ces oxides peut être calculée. Supposons, par exemple, qu'on ait besoin de calculer la composition de l'oxide d'or (*oxidum auricum*). On trouve dans la première table qu'un atome d'or pèse 2486.00, et dans la seconde, que l'oxide d'or contient 3 atomes d'oxigène, c'est-à-dire est composé de 2486 parties d'or, et de 300 parties d'oxigène. Mais 2786 : 300 :: 100 : 10.77. Par conséquent cet oxide contient 10.77 p. 100 d'oxigène, ou 2483.0 : 300 = 100 : 12.08, c'est-à-dire que 100 p. d'or absorbent 12.08 p. d'oxigène.

De cette manière, le lecteur trouvera dans ces tables des données pour calculer la composition de tous les corps minéraux, excepté de ceux qui contiennent de la zircone, de l'oxide de titane, de l'osmium et de l'iridium, qui n'ont point encore été suffisamment examinés.

Sur les signes chimiques.

J'ai fait usage, dans le développement qui précède, de deux espèces de signes, que j'ai appelés *chimiques* et *minéralogiques*. Ceux-ci ont déjà été suffisamment décrits, mais je dois ajouter quelques mots sur les autres.

Pour pouvoir exprimer, sans avoir recours à de longues séries de mots, la composition d'un corps sous le rapport des proportions chimiques, je me suis servi de formules dans lesquelles chaque corps est désigné par une lettre qui se trouve à côté de lui dans la table.

Les règles suivies pour la formation de ce signe, sont les suivantes : choisir les lettres initiales du nom latin du corps ; mais si plusieurs corps ont leur nom commençant par la même lettre, cette lettre est employée seule pour les métalloïdes, et pour les métaux nous y ajoutons la lettre suivante, ou si elle est commune, la première consonne qui n'est pas commune aux deux noms. Par exemple, C, carbone, Cu, cuivre, Co, cobalt, S, soufre, Sb, antimoine (*stibium*), Sn, étain (*stanum*).

Un chiffre à la gauche multiplie d'autant tous les signes qui suivent jusqu'au premier +; mais un petit chiffre en haut, à la droite, en forme d'un exposant algébrique, ne multiplie que le signe seul auprès duquel il est placé. Par exemple, SO^3 veut dire la combinaison d'un atome de soufre avec 3 atomes d'oxigène, c'est-à-dire l'acide sulphurique. $CuO^2 + 2\ SO^3$ veut dire un atome d'oxide de cuivre combiné avec 2 atomes d'acide sulphurique, c'est-à-dire, avec 2 atomes de soufre et 6 atomes d'oxigène. C'est là le signe qui exprime la composition du sulfate d'oxide de cuivre neutre.

Comme l'oxigène est un ingrédient dans la plupart des combinaisons, j'ai trouvé préférable de désigner le nombre de ses atomes dans des oxides par des points mis sur le signe du radical : par exemple, $\ddot{C}u$ au lieu de CuO^2, et $\ddot{S}$ au lieu de SO^3. Quant à l'eau, qui, pour un atome de son radical, ne contient que la moitié d'un atome d'oxigène, j'ai préféré de la désigner par le signe Aq (*aqua*). Ces abréviations sont d'une très-grande utilité pour expliquer les combinaisons plus compliquées. Nous mettons, par exemple, $\ddot{C}u\ddot{S}^2$ au lieu de $CuO^2 + 2\ SO^3$, et de même en exprimant la composition, par exemple, de l'alun, nous avons $\dot{K}\ddot{S}^2 + 2\ddot{A}l\ddot{S}^3 + 48\ Aq$, au lieu d'une formule beaucoup plus longue, dont on serait obligé de se servir en désignant les atomes d'oxigène par la lettre initiale et par des nombres y ajoutés.

Cependant je ne puis point encore affirmer que ces formules puissent remplacer les formules minéralogiques , parce que le nombre des atomes d'oxigène dans beaucoup d'oxides , et sur-tout dans des terres , ne peut être regardé comme bien constaté , et c'est aussi un grand avantage en faveur des formules minéralogiques de pouvoir être employées sans rapport à aucune hypothèse.

RÉPONSE

A quelques objections contre les idées précé
dentes, accompagnée de quelques réflexions
sur la constitution chimique des minéraux.

Dans la partie précédente, j'ai cherché à mettre
en évidence deux points très-essentiels selon moi
pour la théorie minéralogique, savoir :

1° Que les minéraux doivent être considérés
comme des combinaisons chimiques de corps
ayant des qualités électro-chimiques opposées,
et que, par conséquent, dans chaque minéral
composé de corps oxidés, au moins un des oxides
qui y entrent, doit être regardé comme jouant
le rôle d'acide à l'égard des autres qui occupent
la place des bases. Il suit de là que toute la classe
des minéraux uniquement composés de terres
et d'alkalis, doit être envisagée comme renfermant des silicates, et que, dans les combinaisons
des oxides métalliques, où il n'entre point d'a-
cide proprement dit, ou de silice, un des oxides
métalliques doit remplir la place de l'acide.

2° Que les mêmes lois chimiques qu'observent les éléments dans nos laboratoires, doivent être regardées comme agissant, ou comme ayant agi au moment de leur réunion dans l'intérieur de la terre, et que toutes ces lois, et principalement celles qui concernent les rapports de réunions fixes des éléments, peuvent, par un grand nombre d'essais analytiques sur les productions du règne minéral déjà publiés, être mis hors de doute.

Avant que j'entreprenne de ranger les minéraux dans un ordre systématique d'après le principe scientifique, je me crois obligé de répondre aux objections qu'on a faites, et à exposer les bases de la classification de manière qu'on puisse les saisir telles que je les ai entendues.

Les observations que je me propose principalement de recueillir ici, sont rapportées dans le Journal de Gottingue (*Goettingische Gelehrte Anzeigen*, 9 juillet 1814, p. 1089), et ont pour auteur un homme que notre siècle reconnaît pour un de ses plus grands minéralogistes.

Je commencerai par cette citation : « Le point de vue du chimiste et celui du minéralogiste proprement dit, en considérant la nature inorganique, peuvent et doivent être différents, sans que l'on puisse pour cela soutenir que celui du premier soit seul scientifique. Les corps de la nature inorganique, ainsi que les autres, n'intéressent le chimiste essentiellement que sous le point de vue du genre et des rapports de leur mélange, et sous celui des phénomènes qui se manifestent lors des changements qu'ils subissent, et sur-tout de leur décomposition. Le minéralogiste proprement dit, au contraire, comme naturaliste ou historien de la nature, quoiqu'il ait aussi en vue les mêmes propriétés, ne les considère pas en elles-mêmes, mais dans un rapport continuel avec les caractères extérieurs qu'il cherche à faire retrouver dans les caractères chimiques. »

Ce n'est pas la première fois que notre habitude dans la classification des connaissances humaines qu'on nous a appris depuis l'enfance à regarder comme indépendantes les unes des autres. a entraîné à une manière de voir trop retrécie. qui d'ailleurs n'aurait jamais eu lieu. Tout ce qui peut être conçu et connu positivement par l'esprit humain, forme une seule science coordonnée et liée, et il n'existe point de ligne de démarcation naturelle entre les diverses branches scientifiques ou sciences spéciales que nous étudions séparément. Mais nous les étudions ainsi. d'après notre mesure individuelle qui est circons crite, et qui ne peut embrasser l'ensemble dans toute son étendue. De là, il résulte qu'on peut se représenter, que la manière de voir du chimiste et celle du minéralogiste proprement dit les mêmes objets, non-seulement *peuvent,* mais *doivent* être différentes. Représentons-nous que l'étendue de connaissances nécessaire pour être un bon chimiste et un minéralogiste proprement dit, se trouve réunie dans un seul et même individu. Séparerait-elle en lui le chimiste du minéralogiste ? Partirait-il de points de vues différents, selon qu'il se regarderait tour-à-tour comme chimiste et minéralogiste, en considérant des objets qui demandent également des connaissances chimiques et minéralogiques dans une acception plus étroite de ces deux genres de connaissances? Je ne le crois pas. Il est absolument faux que la chimie s'intéresse uniquement aux phénomènes qui se rapportent aux changements, et que ce soit la minéralogie seule qui doive considérer les compositions dans leurs rapports avec les phénomènes extérieurs. Si la chimie, lorsqu'elle décrit la composition des corps et les phénomènes produits par leur action intérieure, oubliait de décrire avec la même exactitude et le même soin les caractères extérieurs de chaque objet, de manière que l'objet, autant que nos connaissances le permettent, soit représenté en entier aux regards du savant; de quelle science tirerait-elle donc ce qui manquerait à la description complète de l'objet ? Si la chimie, lorsqu'elle présente à l'attention du savant l'ensemble de nos connaissances sur le soufre, par exemple, négligeait tout ce qui concerne les caractères extérieurs de cette substance, sa couleur, son goût, son odeur, sa dureté, son degré de transparence, sa figure cristaline, sa vraie pesanteur, etc., quelle en serait la suite ? Mais si d'un autre côté la description des caractères extérieurs et physiques du soufre appartient tout aussi essentiellement à la connaissance chimique de cette substance, que celle des phénomènes que produisent ses relations avec d'autres corps, en quoi donc diffère la manière dont la chimie considère le soufre, de celle de la minéralogie ? Uniquement en ce que la première s'arrête davantage à la description des caractères du soufre appelés chimiques, et en ce que la chimie s'occupant de tous les corps, la minéralogie se borne à ceux qui constituent la masse inorganique, ou inanimée de notre globe. Ainsi donc, une exposition exacte des caractères extérieurs et de la composition des corps, appartenant aussi bien à la chimie qu'à la minéralogie, quel fondement peut donc l'opinion, que les vues du chimiste et du minéralogiste proprement dit, non-seulement peuvent, mais doivent être différentes ?

Plus loin, il est dit : « Voudrait-on révoquer

en doute que le point de vue de l'histoire
naturelle appliqué à la nature inorganique, soit
possible, et qu'il puisse être indépendant et
scientifique aussi bien que le point de vue
sous lequel on considère la nature organisée,
quand on connaît les progrès qu'a faits, dans
les derniers temps l'investigation de l'extérieur des substances minérales; quand on sait
qu'une grande partie des formes extérieures peut
être soumise à une détermination mathématique; qu'il ne s'y manifeste pas des lois naturelles moins remarquables et moins fixes qué
dans les proportions définies des mélanges;
quand on s'est convaincu que déjà maintenant,
relativement à une grande partie des minéraux,
la forme extérieure peut être signalée dans
les parties constituantes, et que l'on peut espérer
de faire les plus grands progrès dans le développement de ce rapport, précisément par la doctrine des proportions définies des mélanges?
Mais de plus, aussitôt que l'on suit l'influence
que l'étude des minéraux, sous le point de vue
d'histoire naturelle, exerce sur la géologie, et
par laquelle elle est mise dans une relation intime et nécessaire avec l'investigation des rapports généraux de toutes les choses naturelles,
qui est indubitablement le plus haut point où
puisse s'élever l'étude de la nature, on se con-

vaincra évidemment que le point de vue d'histoire naturelle appliqué aux corps inorganiques, est également très-important pour l'observateur philosophe qui·embrasse l'ensemble de la nature, et qu'elle n'est pas du tout, comme paraît l'admettre M. Berzelius, destinée uniquement pour ceux qui font des collections. »

Cet énoncé semble donner à connaître l'opinion, que la minéralogie, d'après un principe purement chimique, ne saurait être de l'histoire naturelle ; mais qu'on ne peut l'envisager ainsi, que lorsque, dans la disposition des objets, on suit des principes analogues à ceux dont dépend l'arrangement systématique dans l'histoire de la nature organique.

Examinons donc si le principe de l'arrangement systématique de la nature organique peut être également appliqué à celui de la nature inorganique.

Dans l'histoire naturelle organique, toute la classification repose uniquement et entièrement sur les caractères extérieurs, et, dans ceux-ci, la forme domine à-peu-près exclusivement, sans le moindre égard à la composition intérieure, dans laquelle il serait le plus souvent impossible de découvrir les variations, dont on ne pourrait d'ailleurs, pour le présent, tirer aucune induction. Les objets de l'histoire naturelle organi·

que sont des machines artistement composées, dépendantes d'une force intérieure, qui leur est inhérente, et qui n'agit que pour un temps déterminé, pendant lequel les machines s'usent d'elles-mêmes, et finissent par être détruites. L'histoire naturelle recueille leurs caractères extérieurs, range les objets en classes ou divisions, qui ont des caractères essentiels en commun, par où tous ceux qui appartiennent à la même classe ont une conformité générale; et lorsqu'on range des classes ayant des caractères essentiels semblables, les unes à côté des autres, il en résulte un passage ou une transition insensible d'une forme à une autre, de manière que, bien que chaque anneau de la chaîne soit pareil à l'anneau le plus voisin, il se trouve que les anneaux placés à une distance considérable, sont souvent de la différence la plus remarquable pour la forme.

Le principe de l'arrangement des objets de la nature organique tient donc essentiellement à la forme, et l'arrangement même est un passage insensible d'une forme à une autre.

Ce principe est-il applicable, et cet arrangement possible dans la disposition des objets de la nature inorganique? Remontons jusqu'aux premiers principes de la formation de ces productions différentes de la nature, pour commencer ensuite nos recherches depuis le point primitif

La nature organique est composée de plus de deux éléments, ordinairement de trois ou quatre, et quelquefois d'un plus grand nombre, lesquels semblent pouvoir se combiner dans toutes les proportions; c'est-à-dire, pour parler conformément au point de vue de la théorie corpusculaire, que dans la combinaison des atomes simples, aucun élément n'a besoin d'y être l'unité, mais qu'ils peuvent, dans certaines limites du maximum et du minimum, être combinés dans la plupart des nombres : par exemple, si les éléments sont A, B, C, D, ils peuvent être combinés en telles proportions, que dans la formule suivante : $3A + 4B + 6C + 12D$, les chiffres peuvent être échangés contre tout autre chiffre (1), pourvu qu'il ne surpasse pas un maximum que nous ne connaissons pas encore. Par cette circonstance, il peut être produit, au moyen de ces quatre éléments, un nombre presque incalculable de combinaisons différentes ; et de ce qu'on ôte ou qu'on ajoute séparément un atome de chaque élément, il résulte une nouvelle combinaison, mais qui, pour sa composition, ainsi que pour les qualités qu'elle en reçoit, se rapproche beaucoup de la première, et a une entière ressemblance

(1) Peut-être cependant avec quelques exceptions qui dans la suite pourront être mieux aperçues que maintenant, mais qui n'influent pas ici sur l'application de l'exemple.

de famille avec elle. Ainsi, par exemple, nous voyons parmi les productions du règne végétal une huile différer de l'autre, quoiqu'elles présentent toutes un accord commun relativement aux caractères chimiques. Ainsi, le sucre de canne diffère de celui du raisin, et l'un et l'autre du sucre non cristallisable, mais tous les trois sont toujours du sucre. Par cette circonstance, le principe de l'arrangement systématique de la nature organique se trouve dans le principe de la combinaison de ses éléments.

On voit par ces observations comment la chimie, pendant que d'un côté elle justifie le principe de la disposition systématique de l'histoire naturelle organique, pourra, d'un autre côté, ne se mêler que très-tard de l'histoire naturelle organique, et qu'alors même ce ne sera que pour éclairer; peut-être ne sera-ce jamais pour diriger, parce que, dans la nature organique, il y a quelque chose qui probablement va au delà des limites, où il sera possible un jour d'atteindre dans la chimie.

Si nous nous représentons la masse du globe achevée avec tous ses éléments, mais sans mouvement et sans êtres organiques, il faudra une influence étrangère pour la mettre en mouvement, et une autre influence étrangère, pour ainsi dire, bien plus incompréhensible encore, pour faire éclore cette nature organique qui se reproduit toujours. Dans la sphère de la nature inorganique, les éléments ne se combinent pas d'après le principe qui préside à la composition de la nature organique. Donnez les éléments au chimiste, et il épuisera en vain ses efforts pour les combiner par ses expériences à la manière de la nature organique. Celle-ci se distingue donc de la nature inorganique même en ceci, c'est que les éléments étant donnés, elle demande un premier moteur, qui se trouve hors des éléments, et sans lequel il ne se forme jamais, par les forces primitives des éléments, des êtres organisés, ni même des combinaisons analogues à leur productions.

Le principe de la nature inorganique est entièrement différent. Les parties essentiellement constituantes ne sont composées que de deux éléments. La masse non organique du globe présente peu de corps élémentaires, hors de l'état de combinaison ; un plus grand nombre, composés de deux éléments, c'est-à-dire des corps binaires, et un très-grand nombre de combinaisons entre ces corps binaires, mélangées les unes avec les autres. Dans les combinaisons binaires, l'un des éléments doit presque toujours être une unité ; cela veut dire, que si A et B sont éléments, ils ne peuvent être réunis que de manière qu'un seul A se combine avec 1, 2, 3, 4, etc., B, jusqu'à un certain maximum, qui est encore inconnu. Il se trouve bien rarement des réunions entre 2 A et 3 B, et probablement il n'en existe aucune de 4 A avec 5 B, etc. De là, il arrive que si l'on ajoute ou retranche un des atomes de B, le changement de combinaison devient si important, que toute ressemblance de famille cesse souvent entièrement, et que A + 3 B n'a plus d'analogie extérieure avec A + 2 B. De plus, lorsque les corps binaires se combinent réciproquement les uns avec les autres, la même loi a lieu, que l'un d'eux doit toujours être unité ; d'où il résulte de nouveau par la grande différence des proportions des combinaisons, que la combinaison AB + CB le plus souvent n'a pas la moindre similitude extérieure avec AB + 2 CB.

Les changements de composition dans la nature inorganique, se font par conséquent par des sauts si rapides, que des transitions, par degré d'un caractère extérieur à un autre, n'y existent point ; et la cause de ce phénomène se trouve dans le principe même qui préside aux combinaisons dans la nature inorganique.

Je dois cependant faire observer que lorsque

plusieurs corps binaires différents se réunissent, les sauts deviennent moins forts à proportion que le nombre des différents corps binaires, et en même temps celui de leurs atomes, augmentent; et plus on approche du maximum de ces nombres, moins les combinaisons différentes qui sont possibles autour du maximum deviennent dissemblables; de manière que dans ce cas on pourrait avoir obtenu quelque chose qui ressemblerait aux transitions des chaînons dans la chaîne de la nature organique : mais, quoique cet air de famille entre les voisins autour du maximum ne saurait quelquefois être méconnaissable, il ne saurait cependant être employé comme principe pour l'arrangement du tout, parce qu'il ne se présente pas dans le plus grand nombre des productions inorganiques.

Lorsque les minéralogistes allemands se servent quelquefois, au sujet des minéraux non mélangés, de l'expression que l'un passe à l'autre, on peut en conclure qu'ils ne se sont pas fait une idée juste de la chose. Haüy, dans son grand ouvrage sur la minéralogie, à l'article *Grammatit*, a observé très-bien qu'une pareille manière de s'exprimer ne peut être employée qu'au sujet des roches, comme étant des masses mélangées; mais qu'elle ne peut être admise nullement au sujet des minéraux non mélangés. A-t-on jamais vu le gypse, le spath fluor, la topaze, l'émeraude, ou quelque autre minéral caractérisé distinctement, qui ait été un chaînon de passage d'un fossile à un autre? Mais répondra-t-on peut-être, on a vu la chaux carbonatée passant au fer carbonaté ou à la dolomie.

Examinons ces transitions. Lorsque le salpêtre et le sel marin, mêlés en plusieurs proportions différentes, sont fondus ensemble, on obtient des masses d'un aspect différent. Le salpêtre pur ou mêlé seulement à quelques pour cent de sel marin, a la cassure cristalline du salpêtre, laquelle diminue et bientôt ne se laisse plus apercevoir, lorsque la quantité du sel marin est augmentée, et en même temps augmente la densité de la masse et la difficulté de la fondre; ou lorsque le salpêtre se cristallise d'une eau mère impure, les cristallisations varient de manière à tenir chaque fois plus de sel marin. Appellera-t-on tout cela un passage ou une transition du salpêtre au sel marin? Il en est absolument de même des passages minéralogiques dont il a été question, qui ne désignent autre chose que des introductions mécaniques, qui impriment au mélange des caractères plus ou moins éloignés de ceux de la masse principale. Je ne veux pas soutenir que plusieurs minéralogistes, qui ont employé l'expression de transition au sujet des minéraux, n'aient bien senti la nature de cette espèce de transition ; mais on doit néanmoins faire observer qu'il n'est pas exact de se servir d'une expression qui, dans une autre partie de l'histoire naturelle, a une autre acception.

C'est donc du principe de la nature inorganique que résulte l'effet qui empêche que le système minéral ne puisse être rangé dans une chaîne d'anneaux qui ressemblent l'un à l'autre, comme le système de la nature organique, et que tous les essais qu'on pourrait faire dans ce genre ne donneraient que des résultats au plus haut degré non scientifiques.

Si l'on compare, au surplus, les caractères extérieurs qu'il faut prendre en considération dans les deux genres de corps, on trouve de nouvelles preuves de l'impossibilité d'établir un système minéralogique d'après les caractères extérieurs. Car, tandis que dans la nature organique tout se détermine uniquement d'après les formes, on a, dans la nature inorganique, à considérer en même temps et dans un rapport semblable, beaucoup d'autres caractères : par exemple, la forme, la couleur, la dureté, les cassures, la transparence ; et l'on ne saurait faire sortir de ces caractères un terme moyen comme base de la classification. On pourra bien, lors-

qu'on ne fait attention qu'à un ou tout au
plus à deux de ces caractères, présenter les
productions de la nature inorganique dans un
tel ordre que la qualité extérieure, qui caractérise le plus fortement la première d'entre elles,
diminue insensiblement dans les suivantes, et soit
remplacée par une autre, qui paraît peu-à-peu.
Mais alors, on rapproche très-souvent des substances qui, considérées sous d'autres points de
vue, par exemple relativement à d'autres qualités extérieures ou à la composition, sont très-
dissemblables. J'aurai occasion, dans la suite,
d'en donner des exemples fort remarquables,
tirés des systèmes minéralogiques de nos plus
grands maîtres.

Mais je retourne aux objections auxquelles je
dois répondre. « De ce qui vient d'être dit,
continue l'auteur allemand, il paraîtra déjà
qu'une classification des corps inorganiques de
la nature, qui ne repose que sur des principes chimiques, et dans laquelle on ne prend
nullement en considération les caractères extérieurs, ne saurait trop bien devenir une classification minéralogique. Il n'y a de classification
propre à la minéralogie, que celle qui répartit
les corps non organisés en groupes où ils se
trouvent rangés les uns à côté des autres, non-
seulement d'après certaines conformités dans

les mélanges, mais aussi d'après certains rapports dans l'extérieur, et qui dispose ces groupes conformément aux traits de ressemblance intérieurs et extérieurs des corps. »

Une classification minéralogique serait donc celle où l'on emploierait à-la-fois, comme bases de l'arrangement des minéraux, leur composition et leur ressemblance, ou conformité pour les caractères extérieurs. Nous examinerons bientôt à quel point une classification pareille est possible. Mais je dirai auparavant quelque chose au sujet de ces mots : *Dans laquelle on ne prend nullement en considération les caractères extérieurs.* Plusieurs de ceux qui se sont expliqués au sujet du système de minéralogie purement chimique, ont paru croire que j'ai voulu, par ce système, bannir de la minéralogie scientifique la doctrine des caractères extérieurs des minéraux. Je dois donc faire souvenir qu'il faut distinguer entre le principe de l'arrangement dans lequel les minéraux sont classés dans la minéralogie les uns après les autres, c'est-à-dire entre le principe de l'arrangement systématique et le principe de la description de chaque minéral, faite de manière qu'il puisse être reconnu avec moins de peine, et distingué d'autres minéraux avec lesquels il pourrait être confondu. Tout autant les caractères extérieurs sont non applicables , lorsqu'il est question de déterminer la vraie place dans le système pour un minéral non encore analysé, tout autant ils sont nécessaires dans la partie descriptive du système , pour rendre superflue l'investigation chimique des minéraux déjà analysés. Je dois donc ajouter que je souhaite d'être entendu de cette manière, c'est que les caractères extérieurs des fossiles , quoiqu'ils ne puissent point prendre part au principe de la classification des minéraux , sont néanmoins un objet très-essentiel pour la minéralogie envisagée comme science.

Considérons maintenant l'usage simultané de la composition et des caractères extérieurs comme principe du système. On ne saurait certainement nier que les caractères extérieurs dépendent uniquement de la composition ; mais nous avons déjà observé auparavant que, par les sauts considérables qui ont lieu dans la composition , il naît également de grandes différences dans les caractères des corps composés de mêmes éléments , mais dans des proportions différentes. Ou les compositions suivent à pas égaux les caractères extérieurs , par où conséquemment les uns ou les autres, et sur-tout les derniers , deviennent superflus comme bases de classification, puisqu'ils présentent les mêmes résultats ; ou aussi les compositions et les caractères exté-

rieurs ne vont point d'un pas égal, c'est-à-dire
qu'ils deviennent contradictoires, en ce que des
corps qui renferment les mêmes parties constituantes, mais dans des rapports différents, s'é-
loignent davantage les uns des autres pour certains caractères extérieurs, que d'autres corps
d'une composition plus dissemblable. L'expérience apprend que le dernier cas se présente très-
souvent. Que reste-t-il donc à faire? La ressemblance des qualités extérieures engagera-t-elle à
transporter le minéral parmi des voisins auxquels
il ressemble, mais avec lesquels il ne doit point
se trouver relativement au principe chimique,
puisqu'il en diffère relativement à la composition?
Il faut naturellement répondre à cette question
par l'affirmative, puisque autrement les caractères
extérieurs ne sauraient prendre part au principe
de l'arrangement. Mais, dans tous les systèmes
minéralogiques, la classification chimique est le
point primitif essentiel ; c'est d'après elle que se
forment les ordres, et l'emploi des caractères
extérieurs ne commence d'avoir lieu que dans
les derniers détails. Si alors on se sert de caractères pour ranger ensemble des objets qui n'appartiennent pas l'un à l'autre selon le principe fondamental, le système devient inconséquent. Il
est donc clair que dans un système conséquent,
et tel doit être tout système vraiment scientifi-

que, il est impossible que la composition et les caractères extérieurs en combinaison fassent le principe de l'arrangement; et qu'il faut suivre séparément ou la composition, ou les caractères extérieurs, sans que l'un de ces principes influe sur l'autre.

C'est d'après toutes ces considérations que nous devons examiner à quel point la minéralogie cesse d'être histoire naturelle, au moment où elle cesse de suivre le même principe de classification que l'histoire de la nature organique. Les minéralogistes, qui objectent contre le principe purement chimique de la classification, la raison que la minéralogie doit être regardée comme une partie de l'histoire naturelle, semblent être dans l'idée que ce ne sont pas seulement les objets, mais aussi la méthode, qui font de la minéralogie une branche de l'histoire naturelle. Lorsque je crus remarquer que le principe de l'histoire naturelle avait besoin d'une modification, pour être d'accord avec une vue plus profonde et plus étendue en minéralogie, je ne me représentais pas que cette science dût pour cela être moins de l'histoire naturelle qu'auparavant, parce que, selon ma pensée, c'est uniquement l'objet de la science qui la fait appartenir à l'histoire naturelle, et parce que je regardais comme la meilleure méthode de la considérer, celle qui donnerait au savant la manière d'envisager la plus juste et la plus complète, non-seulement chaque objet en particulier, mais aussi la science dans son ensemble. On ne doit pas croire que la minéralogie ne soit pas une partie de la chimie, par la raison qu'elle est en même temps une branche de l'histoire naturelle, car cela n'implique point contradiction. Aussi l'auteur d'un des meilleurs ouvrages élémentaires en chimie publiés en dernier lieu, M. Thomson, a-t-il accordé aux minéraux et à la théorie minéralogique une section particulière, et dont on ne saurait se passer sans dommage pour l'ensemble, dans un livre de chimie, bon et complet. Si donc la minéralogie peut être en même temps histoire naturelle, et faire partie de la chimie, parce qu'elle doit puiser dans cette dernière tout ce qui peut contribuer à l'élever de la catégorie de table ou de registre au rang de science, il sera aussi assez évident que plus elle emprunte de la chimie, plus elle sera complète comme histoire naturelle.

Je pense que par ces observations il est mis suffisamment en évidence que le principe de l'arrangement systématique dans l'histoire naturelle organique, n'est nullement applicable à la nature inorganique, et que cette circonstance a son fondement dans les principes différents de la composition de l'une et de l'autre classe de la nature, mais que, malgré cela, l'histoire des substances inorganiques du globe n'est pas moins une partie de l'histoire naturelle, que celle des corps organiques.

Mais nous en venons maintenant aux objections qui se rapportent plus spécialement à la manière dont j'ai cherché à faire usage du principe purement chimique. « Il se manifeste déjà, est-il dit, par un coup d'œil rapide sur le peu qui vient d'être communiqué, que la classification proposée par M. Berzelius ne satisfait pas aux prétentions indiquées ; car quel minéralogiste tomberait sur l'idée de ranger sous le même ordre le graphite, le fer arsenical, le tellure natif, le fer oxidé rouge, le péridot, et de séparer, au contraire, le tellure natif des autres espèces connues de tellure ? »

L'ouvrage sur lequel l'auteur donne son opinion, n'était pas destiné à mettre en évidence plus que le principe scientifique pur ; et pour qu'on ne prît pas les exemples de la constitution chimique de divers minéraux que j'y ai rapportés, comme des échantillons du système même, j'ai expressément, dans le traité, allégué ce qui suit : « J'ai, sur chacune des deux ou trois familles, présenté diverses espèces, lesquelles j'aurais rattachées à une autre

famille, si j'avais écrit un système entier. »
L'exemple cité par l'auteur allemand n'atteint
donc pas, dans toute son étendue, le principe
de classification que j'ai proposé, d'autant plus
que la péridote, précisément selon ce principe,
ne peut appartenir à la famille du fer. Quant
aux autres, je ne crois pas avoir besoin de jus-
tifier pourquoi j'ai classé le carbure, l'arseniure,
le tellure et l'oxide de fer dans la famille de ce
dernier métal.

« Mais ce n'est pas seulement, poursuit l'auteur allemand, sous le rapport des grandes
divisions que la classification de M. Berzelius
est entièrement antiminéralogique (*unmineralo-
gisch*), mais ce qu'elle a de peu naturel d'a-
près le point de vue de l'histoire de la nature,
paraît plus particulièrement encore dans la
distinction des espèces. La manière chimique
d'envisager l'analogie et la différence des substances s'éloigne beaucoup de la manière minéralogique ; car tandis que, selon la première, on
n'a égard qu'à la qualité et à la quantité des parties constituantes, il faut, selon l'autre, faire
également attention à l'analogie ou à la différence des qualités extérieures, à l'influence que
les diverses parties constituantes ont sur certaines qualités constantes de l'extérieur ; par où
l'on parvient, sous le point de vue minéralogique,

à regarder certaines parties constituantes comme non essentielles, lesquelles, selon le point de vue chimique, ne sont pas moins essentielles que d'autres. Le chimiste, par conséquent, séparera souvent certaines espèces qui ne se montrent au minéralogiste que comme les variétés d'une seule et même substance. M. Berzelius présente deux variétés d'Eisenkiesel comme deux espèces différentes ; en quoi, comme en plusieurs autres distinctions pareilles, il ne sera suivi par aucun minéralogiste scientifique. »

Il me paraît incompréhensible que la manière chimique d'envisager l'analogie ou la différence des corps doive s'éloigner de la manière minéralogique, et que, par la considération de quelques qualités extérieures constantes, on parvienne à regarder certaines parties constituantes comme non essentielles, lesquelles, selon un point de vue purement chimique, ne sont pas moins essentielles que d'autres. Il est vraisemblable que l'auteur des observations a eu ici en idée quelque autre chose que ce que ses expressions semblent donner à connaître ; car, si le minéralogiste déclare qu'une partie constituante d'une composition n'appartient pas essentiellement à la même composition, tandis que le chimiste la regarde comme une partie essentielle, c'est-à-dire, sans laquelle la composition ne serait pas ce qu'elle est, il faut nécessairement que l'un des deux ait tort, et doive se laisser redresser.

Je croirais cependant que l'auteur des remarques a eu proprement l'idée qu'en observant rigoureusement les rapports constants des formes cristallines, on a souvent trouvé qu'une partie constituante d'un cristal n'a pu appartenir à la combinaison cristallisée ; la forme cristalline absolument semblable appartenant aux autres parties constituantes de cette même combinaison, sans la présence du premier indiqué. Mais si, dans un cas pareil, le chimiste refuse de consentir qu'une pareille circonstance prouve ce qu'elle prouve en effet, c'est par une erreur individuelle de sa part ; et cette erreur ne peut jamais servir à défendre la thèse inexacte qu'on peut considérer sous le point de vue minéralogique comme non essentiel, ce qui est réellement tel sous le point de vue chimique.

Pour ce qui regarde enfin le reproche que j'ai, d'après de tels principes, distingué deux variétés d'Eisenkiesel un peu différentes, en quoi, comme en plusieurs autres distinctions pareilles, aucun minéralogiste scientifique ne m'imitera ; ce reproche atteint moins le principe du système, qui ne peut avoir pour suite de faire ranger, comme des espèces particulières, des variétés contenant des quantités inégales de

9.

mélanges mécaniques, que ma connaissance individuelle de la minéralogie en général, et se trouve, par conséquent, hors du sujet qui est ici le but principal. Cependant, si quelque lecteur était curieux d'apprendre à quel point j'ai mérité ce reproche ou non, qu'il me soit permis de renvoyer à l'ordre systématique du minéral hedenbergite, famille *fer*, et aux remarques sur ce minéral, que j'ai ajoutées dans la note.

A l'occasion de ce qui vient d'être rapporté et de ce qui est exprimé dans les observations de l'auteur de la manière suivante : « Nous ne sommes pas, de notre côté, moins persuadés que l'application de la théorie électro-chimique et des expériences sur les proportions chimiques à la minéralogie, doit être dirigée sur une route entièrement différente de celle qu'a indiquée M. Berzelius; » il me sera permis peut-être de rappeler aux minéralogistes la nécessité de se livrer avec plus de réserve aux premières impressions, en jugeant des points de vue scientifiques nouveaux ou changés, en chimie sur-tout, parce qu'une habitude long-temps enracinée d'une manière de voir, prend souvent, sans qu'on s'en aperçoive, la place d'une conviction fondée sur des principes positifs et inébranlables, et ne peut être que lentement déracinée par une expérience prolongée et une habitude peu-à-peu croissante de ce nouveau point de vue. C'est ce qui a eu lieu jusqu'ici, relativement aux changements plus ou moins considérables dans les théories scientifiques reçues ; et il arrive ordinairement que dans les temps qui suivent, on se persuade de la vérité de ce qui, dans une grande partie des temps précédents, avait été combattu comme faux.

Enfin, on a fait aussi l'objection que les recherches chimiques n'ont pas encore atteint le degré de précision nécessaire pour que les nouvelles théories puissent être appliquées et confirmées dans toute leur étendue. Il est malheureusement vrai qu'il en est ainsi; mais cela ne prouve rien contre la justesse des nouveaux points de vue, car il est clair que plutôt on commencera à traiter les sciences sous des points de vue plus justes, plutôt les recherches se dirigeront du vrai côté, et plutôt on atteindra au but.

Observations sur la constitution chimique des minéraux.

La masse inorganique du globe se compose d'un mélange mécanique de plusieurs espèces de combinaisons disseminées les unes parmi les autres, en parties plus ou moins considérables. Lorsque plusieurs combinaisons différentes sont

placées les unes à côté des autres en si grandes parties, qu'on peut les distinguer à l'œil, ou qu'elles
puissent être séparées par des moyens mécaniques,
le minéral est appelé *minéral mélangé ;* telles
sont la plupart des roches. Lorsque les combinaisons différentes, qui peuvent se trouver mêlées dans un minéral, ne sauraient être découvertes à l'œil, ni à la cassure, ni lorsque la
pierre a été taillée et polie, il faut considérer les
substances comme *fondues ensemble*, parce que
le mélange ressemble à celui qu'on obtient,
lorsque deux ou plusieurs corps fondus, qui ne
se combinent pas chimiquement, sont mêlés
pour se figer rapidement, avant que la force de
cristallisation de chacun puisse les réunir en
parties plus considérables, et visiblement séparées. Lorsque d'un autre côté l'analyse chimique
ne peut découvrir dans un minéral que des parties constituantes, dont on sait que, par le rapport trouvé au moyen de l'analyse, elles peuvent
former une seule combinaison chimique, on appelle la substance *minéral pur ou non mélangé.*
Plusieurs minéralogistes, en Allemagne surtout,
ont choisi pour les deux derniers genres de
minéraux la dénomination de *minéraux simples ;*
mais, outre que les deux genres ne doivent pas
être confondus dans une minéralogie scientifique, le mot *simple* entraîne ici de l'équivoque,

car on peut bien dire du diamant que c'est un minéral simple, mais non de l'émeraude qui d'un autre côté est un minéral non mélangé. Je souhaiterais que les minéralogistes voulussent admettre ma petite innovation, qui présente plus de précision par rapport à la langue, et par rapport à la chose, que les dénominations reçues auparavant.

Werner, et après lui la plupart des autres minéralogistes, partagent les minéraux en *simples* et *mélangés ;* cette dernière division répond à ce que j'ai appelé ainsi dans ce qui précède, et se compose des minéraux *purs* mêlés les uns aux autres.

Comme les minéraux purs ou non mélangés sont pour l'histoire de la nature inorganique la même chose que les lettres et les mots pour les langues, ils doivent être soumis à un examen sévère avant d'être déclarés purs par le minéralogiste. On ne saurait prétendre que Werner à l'époque où il établissait sa classification eût pu faire cet examen, dont d'ailleurs l'état moins développé de la science n'avait pas encore fait sentir la nécessité. Mais Haüy, en cherchant à découvrir la forme primitive de chaque minéral, est parvenu à un résultat plus précis.

Lorsque l'on prend en considération comment on doit envisager un minéral sous le rapport chimique, il est impossible qu'en idée on ne se transporte à cette époque où les productions fossiles ont été placées là où nous les trouvons maintenant. Nous découvrons alors au moins quelques-unes des circonstances qui ont accompagné cette antique opération de la nature, d'ailleurs pour toujours cachée à nos yeux. Parmi ces circonstances est celle, que certains minéraux ont été liquides ou mous, tandis que d'autres avaient déjà pris une forme solide, par où ceux là se sont mis en cohésion avec ceux-ci, sans pouvoir s'y mêler intérieurement. On ne peut pas se représenter que les masses molles ou liquides n'ayent généralement consisté qu'en une seule combinaison chimique, d'autant moins qu'elles se sont formées d'une masse qui a été un mélange de plusieurs combinaisons, et qu'elles doivent avoir par conséquent contenu de celles-ci autant qu'il pouvait y en avoir de fluides pour le moment. La force de la cristallisation et quelquefois une précipitation ont séparé par-ci par-là de ces liquides certaines combinaisons chimiques qui s'y trouvaient contenues, et qui se sont déposées en masse non mélangée et presque pure, soit cristallisée, soit simplement précipitée.

Souvent, d'un autre côté, un pareil liquide

mélangé s'est figé avant que la force de cristallisation eût commencé à séparer les combinaisons
mélangées , et la masse représente en ce cas une
aggrégation en apparence homogène, avec ou sans
signes d'une contexture cristalline intérieure ,
selon la nature chimique différente des masses
mélangées. Il est naturel que le grand nombre
des minéraux non cristallisés soient ainsi fondus
ensemble , et il doit être très-rare que ces minéraux ne soient pas un mélange de plusieurs
combinaisons chimiques. C'est à l'analyse chimique à découvrir de quelles combinaisons
ils se sont formés. J'essayerai d'éclaircir mon
idée par un exemple. Représentons-nous qu'on
ait fondu ensemble de l'alun et du sel de
de glauber dans leur eau de cristallisation , et
qu'on ait laissé le mélange se figer : c'est en apparence une masse homogène. Représentons-
nous de plus qu'une pareille masse se trouve en
partie disseminée , en partie répandue en ro-
gnons entre d'autres minéraux , et que dans cet
état elle devient l'objet de l'analyse. Celle-ci y
trouverait alors de l'acide sulfurique , de la potasse , de la soude, de l'alumine et de l'eau, sans
qu'à la révision chimique du résultat , l'oxigène
soit de l'acide sulfurique, de la soude, ou de l'eau
se trouvât dans aucun rapport multiple à celui
de l'alumine ou de la potasse. Cependant lors-

que l'on considère le résultat de plus près ; on trouve que l'alumine est à la potasse comme dans l'alun, et lorsqu'on retranche l'acide sulfurique nécessaire pour la saturation de l'une et de l'autre, la partie qui reste est suffisante pour la saturation de la soude : et enfin lorsque l'eau de cristallisation du sel de glauber est retranchée de tout le contenu d'eau, le résidu est la quantité qu'il faut pour l'alun trouvé. Cette analyse doit être jugée maintenant par le chimiste. La circonstance que la masse examinée s'est présentée comme un seul minéral homogène, sera-t-elle suffisante pour faire conclure qu'elle doit également être regardée comme une seule combinaison chimique, et comme une preuve que, dans les ateliers intérieurs de la nature, les proportions déterminées entre les combinaisons ne sont pas observées d'une manière aussi matérielle que dans nos laboratoires. Peut-on, je le demande, sur un fondement qui en lui-même ne prouve rien, tirer une conséquence si anti-scientifique et si contraire à une saine logique ? Ne doit-on pas plutôt considérer le minéral trouvé comme un mélange de sel de glauber et d'alun, par la raison que les parties constituantes sont d'accord avec cette manière de voir, tant pour la qualité que pour la quantité, et que la chimie ne donne pas du tout lieu de supposer une combi-

naison chimique entre le sel de glauber et l'alun.
Un si grand nombre d'exemples de corps composés, qui dans l'état liquide peuvent être mélangés, et ensuite se figer en masse, sans constituer des combinaisons chimiques, se présentant dans nos laboratoires, le même phénomène aurait-il moins lieu dans les opérations
immenses qu'offre le globe de la terre, et qui
tendent plus souvent à amalgamer, qu'à séparer?
On peut donc, selon mon idée, regarder comme
entièrement décidé, que beaucoup de minéraux
qui dans les systèmes reçoivent le nom de simples, sont proprement les mélanges de plusieurs
fondus ensemble ; et cette circonstance est de
la plus haute importance, lorsqu'on apprécie
les résultats des analyses chimiques. On pourrait
avoir lieu de s'attendre à trouver un pareil effet
chez la plupart des minéraux amorphes.

Les forces qui tendent à séparer de la masse
mélangée certaines combinaisóns chimiques, peuvent être de plusieurs genres. La force de cristallisation tient le premier rang ; ensuite viennent
la précipitation, la sublimation, et peut-être
aussi des effets moins précisément connus de la
distribution électrique dans l'intérieur de la
terre.

Quant à ce qui concerne la cristallisation, il
arrive rarement ou jamais qu'elle produise des

cristaux absolument purs. Nous savons par l'expérience dans nos laboratoires , que les cristaux renferment toujours une portion des substances contenues par l'eau mère ; la quantité desquelles, dans le cristal, est en rapport au degré de saturation de l'eau mère avec ces substances. J'ai d'ailleurs, dans les pages précédentes, montré que des corps qui ne se combinent pas chimiquement , peuvent cristalliser ensemble , et produire un cristal de combinaisons différentes, qui, sans se repousser mutuellement, se rangent ensemble dans un certain ordre géométrique. Il se présente cependant encore d'autres circonstances qui font qu'un minéral cristallisé ne doit pas toujours être considéré comme non mélangé. Il arrive qu'un liquide absorbé par une masse en forme de poudre, cristallise autour et enferme la poudre, qui alors peut le plus souvent être distinguée à l'œil : tels sont par exemple les cristaux de spath calcaire de Fontainebleau, et une sorte de chaux carbonatée *magnésifère* de Taberg en Wermeland, qui , d'après les recherches de Rothoff , laisse un squelette d'écume de mer, lorsqu'il est dissous dans des acides délayés , et dont on reconnait quelquefois une moitié pour être uniquement de l'écume de mer, tandis que l'autre est du spath calcaire fondu dans de l'écume de mer. D'autres fois il arrive que dans un mélange mou ou à moitié liquide de deux ou plusieurs combinaisons, qui se préparent à se figer, l'une d'elle est douée d'une force de cristallisation très-dominante. Les particules de celles-ci parviennent alors à une polarité cristalline, mais sans pouvoir dans la masse peu mobile faire sortir des particules hétérogènes qui les entourent. Malgré la distance qui en résulte entre les particules polarisées, elles se placent néanmoins toutes dans la même direction polaire, et il se forme un cristal, qui est à la vérité un cristal d'une seule combinaison, mais qui dans sa masse peut renfermer de grandes quantités d'objets étrangers, qui n'appartiennent point au cristal proprement dit. Si l'on se représente que, par un moyen de dissolution, ces derniers puissent être retirés du cristal, celui-ci, ou tomberait en pièces, ou ne laisserait qu'une substance spongieuse.

De pareilles cristallisations ne se présentent pas rarement dans le règne minéral, et en décrivant les minéraux trouvés à Finbo, près de Fahlun, j'ai eu occasion d'offrir un exemple très-remarquable d'une émeraude, qui, cristallisée de cette manière, renferme de grandes quantités de serpentin et de talc.

La base de toute minéralogie, c'est donc la connaissance des combinaisons chimiques, qui se présentent dans le règne minéral partie non mélangées ou pures, parties fondues ensemble.

Avant que l'on parvienne dans ce sujet à une entière certitude, il est nécessaire de décider deux questions très-essentielles relativement à ce but, savoir : 1° quel est le plus grand nombre de corps binaires différents, qui ensemble peuvent constituer une combinaison chimique déterminée ? et 2°, quel est le *maximum* du nombre des particules de chaque corps binaire qui peuvent entrer dans une certaine combinaison ? Ce *maximum* est-il plus considérable à proportion de l'augmentation du nombre des parties constituantes ?

Ces questions devraient être décidées de la part de la chimie, avant qu'on se livrât à faire des systèmes en minéralogie. Mais comme dans l'étude de toutes les sciences la marche a été de commencer par des détours, et à tirer peu-à-peu ensuite de l'étude même, les perfectionnements de la méthode ; dans le cas aussi dont nous parlons, nous sommes obligés d'abandonner la solution complète de ces problèmes difficiles aux investigations ultérieures, en reconnaissant la nécessité de beaucoup de corrections et de perfectionnements que cette solution doit fournir pour le premier essai de système minéralogique entièrement conséquent.

Les deux questions préliminaires indiquées ci-dessus, demandent une connaissance complète de la théorie chimique, combinée avec de vastes connaissances minéralogiques, et en outre des analyses faites avec une précision et une perfection, que peut-être on n'a le droit d'attendre de personne à l'époque présente. Quoiqu'il ne puisse certainement pas me venir dans l'idée de vouloir essayer, dans l'état actuel de nos connaissances, d'éclaircir définitivement ce sujet, il me sera cependant permis peut-être d'y faire entrer mes lecteurs un peu plus avant.

Il se présente une quantité de minéraux cristallisés assez distinctement caractérisés, qui ont tant d'ingrédients, qu'on doit nécessairement être incertain si tous ces ingrédients peuvent constituer une seule combinaison. Il est donc nécessaire dans ces cas, pour savoir s'il en est ainsi, d'entreprendre un examen bien réfléchi et dirigé avec le plus grand soin. Si par exemple nous trouvons que l'amphibole ou quelqu'autre minéral bien caractérisé, dans lequel la chimie a découvert beaucoup d'ingrédients, a les mêmes caractères géométriques et certains ingrédients en commun, tantôt en quantités relatives inégales, tantôt en mélange avec d'autres qui ne se présentent pas dans tous les cristaux d'amphibole : la première question sera naturellement : Les caractères géométriques sont-ils absolument les mêmes ? Au cas qu'il en soit ainsi, il paraît assez conséquent et juste de conclure que le cristal est toujours constitué d'une et de la même combinaison, toujours pareille pour les ingrédients et leurs quantités relatives ; car au cas qu'un cristal d'amphibole contînt plusieurs particules d'un ingrédient, ou des particules d'un ingrédient étranger aux autres, il doit en résulter nécessairement des différences dans la figure primitive, lesquelles doivent pouvoir être déduites géométriquement. Admettons maintenant que l'amphibole quelque part qu'elle se trouve, donne à l'analyse géométrique absolument le même résultat, mais quelques différences à l'analyse chimique. On peut espérer alors que par les comparaisons des analyses de plusieurs échantillons ainsi géométriquement identiques, il sera possible de parvenir à représenter la combinaison chimique particulière, qui constitue le cristal de l'amphibole, et à mettre en évidence quels sont les substances trouvées dans le minéral, qui ne lui appartiennent point, et qui, par conséquent, n'appartiennent pas à la constitution de l'amphibole proprement dit. On peut espérer que, de la même manière, par un travail continu sur chaque minéral d'une composition compliquée, on découvrira quels sont les ingrédients binaires qui constituent le fond de la combinaison, et quels sont ceux qu'on ne doit regarder que comme accidentels ; et il est indubitable que, pendant ces recherches, les questions mises en avant seront résolues par la comparaison des résultats obtenus. Il est certain d'ailleurs que lorsqu'on jette les yeux sur les analyses de plusieurs minéraux indiqués par les minéralogistes comme géométriquement identiques, la différence dans les résultats chimiques présente un chaos qui effraye plutôt qu'il n'encourage : sur-tout lorsqu'on se rappelle combien, dans des objets beaucoup plus simples, il en coûte de patience, de travail et de tension d'esprit pour saisir les rayons de lumière qu'on s'étonne après de ne pas avoir aperçus tout de suite,

Mais, avant que je quitte ce sujet, je parlerai encore d'un point très-essentiel pour les vues scientifiques relatives à la constitution des minéraux. Plaçons devant nous un minéral d'une composition plus variée. Par exemple, le pyrope (où la silice joue le rôle d'acide, relativement aux quatre bases, la chaux, la magnésie, l'alumine et l'oxide de fer) en nous représentant qu'il est possible que ces ingrédients constituent maintenant une combinaison chimique unique et non mélangée. Au premier coup-d'œil nous ne pouvons pas concevoir aussi clairement comment ces quatre silicates peuvent être réunis en un tout commun, qu'il nous semble voir comment l'acide sulfurique et la chaux dans le gypse peuvent former une seule combinaison.

Il est vrai que d'après les principes mécanico-atomistiques, la chose se comprendrait très-facilement, parce que dans cette théorie on construit d'un nombre donné d'atomes un atome composé, comme on bâtit une maison sans avoir égard à autre chose qu'à l'exactitude de la construction mathématique ; mais nulle part comme ici ne se manifeste l'inexactitude de ces demi-vues, car il en résulterait une série infinie de combinaisons dans un nombre à-peu-près incalculable de proportions. L'expérience atteste que ce n'est pas là ce qui a lieu ; et un coup-d'œil plus étendu nous conduit à ne point négliger les forces sur lesquelles se fondent les combinaisons.

Nous savons que les éléments dans la nature inorganique tendent à se combiner à raison de leur opposition électro - chimique, et il s'ensuit que les combinaisons ayant lieu précisément par là, il ne peut jamais se combiner que deux corps, puisqu'il n'existe point une troisième force coopérante. Le soufre se combine avec l'oxigène, le sodium se combine également avec l'oxigène, et chacune de ces substances, après la combinaison, est à regarder comme formant simplement un seul corps de l'acide sulfurique ou de la soude : les deux peuvent être maintenant combinées , mais non comme trois , comme du soufre , du sodium et de l'oxigène , mais seulement comme deux , de l'acide sulfurique et de la soude ; et après que la combinaison a eu lieu , lorsque l'état opposé électrique a disparu , ils ne forment de nouveau qu'un seul corps. Celui-ci à son tour se combine avec de l'eau en sulfate de soude cristallisé, non comme les trois, l'acide sulfurique, la soude et l'eau , mais seulement comme deux , le sulfate de soude et l'eau.

De même le sulfate de potasse avec le sulfate d'alumine par l'opposition du premier, comme électro - positif, à l'autre, comme électro-négatif. Les deux forment maintenant un seul corps qui peut également de son côté se combiner avec l'eau. Pour pouvoir donc faire l'analyse chimique complète de l'alun cristallisé , il faut d'abord séparer les deux ingrédients dont il est immédiatement composé : ce sont l'eau, et l'alun proprement dit. Ensuite ces ingrédients doivent être séparés , le premier, dans ses éléments, le second, dans ses ingrédients immédiats, le sulfate de potasse et le sulfate d'alumine ; ceux-ci doivent de nouveau être séparés , chacun dans ses parties constituantes, et ainsi de suite jusqu'aux derniers éléments. Tout ce qui est juste et admissible relativement à l'exemple allégué, doit également l'être relativement à tout autre corps composé d'après le principe de la nature inorganique.

Lors donc qu'un minéral se présente à notre examen, la première question sera : quels sont ses deux ingrédients immédiats ? Il est facile de résoudre cette question relativement aux minéraux plus simples; mais lorsqu'il s'agit de ceux qui sont plus composés, nous sommes réduits à ne faire que des conjectures. Par exemple, dans le spath en table $= CS^2$ les ingrédients immédiats sont la silice et la chaux. Dans le grammatite, dont la composition est exprimée par la formule suivante $= CS^2 + MS^2$ il est encore facile de trouver que les ingrédients immédiats sont CS^2 et MS^2, c'est-à-dire, deux combinaisons, qui chacune séparément peuvent constituer des espèces minérales particulières.

Prenons maintenant un minéral plus composé; par exemple, l'essonite, dont la composition, conformément aux analyses de Klaproth, peut être exprimée par $FS + 4CS + 5AS$. Ici la division naturelle en deux se cache davantage, mais peut cependant être trouvée avec vraisemblance. Le minéral contient $5AS$ contre $4CS$, par conséquent ces deux ingrédients ne peuvent former une des mi-parties, puisqu'en ce cas leur nombre devrait être égal. Si d'un autre côté l'une des particules AS est mise avec FS, on obtient

$FS+AS$ comme un seul corps combiné avec $CS+AS$ comme un seul corps, mais quatre particules du dernier combinées avec une du premier. Ce seul exemple pourra être suffisant pour me rendre intelligible. Il est clair que la constitution électro-chimique du minéral, si je puis appeler ainsi cette division, ou séparation chimique, doit être représentée par la même formule qui représente le nombre des particules binaires que le minéral renferme. Je trouve cependant qu'il est encore beaucoup trop tôt de faire un essai dans ce genre, d'autant plus que l'éclaircissement de ces problèmes nouvellement offerts à l'attention demande certainement plus que la vie et le travail d'un homme.

En attendant, nous ne devons pas d'un autre côté nous laisser effrayer par les obstacles, et ne pas croire qu'il ne soit point juste de partir de principes conséquents, parce que leur application est sujette à des difficultés qui pourraient même être regardées comme insurmontables; car il ne peut y avoir en chaque chose qu'un seul côté vrai, qu'il soit d'ailleurs facile ou difficile à découvrir.

ESSAI

D'un examen raisonné des principaux systèmes de minéralogie.

———

On peut diviser les systèmes de minéralogie en trois classes, 1° ceux qui sont fondés uniquement sur les caractères extérieurs ; 2° ceux qui sont fondés sur la composition et les caractères extérieurs à-la-fois ; et 3° ceux qui se fondent uniquement sur la composition. Je ferai ici quelques observations sur quelques systèmes pris dans chacune de ces classes, et je chercherai à montrer leurs avantages ou leurs inconvénients.

Parmi les systèmes de la première classe, je ne ferai mention que de celui de Brunner. La plupart des minéralogistes ont suivi la classification générale des minéraux de Cronstedt en terres, sels, bitumes et métaux. C'est aussi la base du système de Brunner. Chacune de ces classes est répartie ensuite en ordres qui sont déterminés par la texture, 1° texture terreuse, 2° texture écailleuse, 3° texture feuilletée, 4° texture rayonnée, 5° texture fibreuse, 6° texture grenue-feuilletée, 7° texture compacte et indéterminée. Les

sels sont distribués, d'après leur saveur, en astringents et acides, astringents et doux, sa-
lés, etc.

Lorsqu'on a sous les yeux un minéral dont on
désire connaître le nom, il serait en apparence
très-facile de le chercher dans ce système de la
même manière qu'on s'y prend, lorsqu'il s'agit
des productions de la nature organique, pendant
que l'espace dans lequel le minéral doit se trouver, en observant les caractères des sous-divisions, se rétrécit de plus en plus jusqu'à ce que
l'on rencontre dans le système le minéral dont
tous les caractères extérieurs correspondent parfaitement avec ceux du minéral qu'il s'agissait de
rechercher. Un pareil système a pour but la plus
grande commodité ; mais sous le rapport scientifique, il n'a d'autre mérite que d'être une table ou
un registre présentant ensemble les minéraux de
la composition la plus diverse, par la raison
qu'ils ont un certain caractère en commun, de la
même manière que dans un registre quelconque
des objets différents se trouvent réunis, selon
qu'ils ont en commun plus ou moins les premières
lettres. Cette commodité serait cependant de
quelque prix, s'il n'était souvent très-difficile
d'exprimer par des mots l'habitude extérieure
des corps, d'une manière assez déterminée pour
que l'investigateur pût se fixer sans embarras au

minéral véritable. Mais voilà ce qui est bien plus difficile en minéralogie que dans l'histoire de la nature organique, et il est presque impossible d'y parvenir, lorsque les échantillons que l'on veut examiner, sont caractérisés moins clairement, ce qui arrive très-souvent, de manière que pendant de pareilles recherches, on ne se trouve pas rarement dans l'incertitude, non-seulement par rapport aux espèces, mais aussi relativement aux ordres. Mais l'arrangement systématique dont nous parlons, a encore d'autres et de plus grands inconvenients, parmi lesquels il faut sur-tout observer, que pendant qu'il réunit les compositions chimiques les plus hétérogènes, il arrive souvent qu'une même substance chimique se rencontre dans plusieurs ordres, selon les différences dans sa texture. Ainsi, par exemple, le spath fluor et le spath pesant ne forment pas moins de trois espèces particulières dans ce système. De là il suit de nouveau que, lorsque dans un même minéral, une partie serait effleurie, pendant que l'autre conserverait encore sa forme et sa texture cristalline, et que celle-ci serait cohérente à une masse compacte de la même substance, ces trois formes diverses de la même combinaison chimique et du même échantillon, donneraient trois espèces différentes appartenant à des ordres différents.

Mais nous avons auparavant aperçu *à priori*,

que cette méthode de classification en minéralogie, ne saurait être applicable, et j'ai parlé du
système de Brunner, non parce que je trouve
qu'il ait le moindre mérite scientifique, mais
pour montrer combien l'expérience confirme à
cet égard la spéculation théorique qui a démontré
que toutes ces difficultés doivent être une suite
nécessaire du principe de la composition dans la
nature inorganique.

Parmi les systèmes de la seconde classe, qui
sont fondés à-la-fois sur la composition et sur
les caractères extérieurs des minéraux, je ferai
mention de ceux de Werner et de Hausmann.

Le système de Werner a été quelque temps
celui qui a dominé, et les minéralogistes reconnaissent dans son auteur une des premières lu-
mières de la science. Comme Werner n'a pas
décrit lui-même en détail son système de minéralogie, mais qu'il a laissé ce soin à des élèves,
qui assez souvent n'ayant pas pu pénétrer dans
toutes les vues d'un grand génie, ont présenté ses
idées telles qu'ils les avaient aperçues, et non
telles qu'elles étaient en effet, il est possible
que la science minéralogique, de la manière
dont Werner l'eût produite lui-même, eût éprou-
vé des modifications d'une grande importance.
En attendant, il faut que je considère ici le système de Werner, tel qu'il est parvenu à notre

connaissance, et je chercherai à faire connaître toutes les grandes inconséquences qu'il renferme selon moi, en ce qu'il est établi sur deux principes qui ne sauraient être conciliés : sur la composition et l'arrangement en groupes, ayant de l'analogie par les caractères extérieurs.

La disposition du système de **Werner** est entièrement chimique, et toutes ses divisions se fondent sur la composition, de la manière suivante :

PREMIÈRE CLASSE, FOSSILES TERREUX.

GENRES.

1er genre, diamant.
2e genre, zirconien.
3e genre, siliceux.
4e genre, argileux.
5e genre, magnésien.
6e genre, calcaire.
7e genre, barytique.
8e genre, strontianien.
9e genre, hallite.

SECONDE CLASSE, FOSSILES SALINS.

GENRES.

1er genre, carbonates.
2e genre, nitrates.

3ᵉ genre, muriates.
4ᵉ genre, sulfates.

TROISIÈME CLASSE, FOSSILES INFLAMMABLES.

GENRES.

1ᵉʳ genre, soufre.
2ᵉ genre, bitumineux.
3ᵉ genre, graphite.
4ᵉ genre, résineux.

QUATRIÈME CLASSE, FOSSILES MÉTALLIQUES.

GENRES.

1ᵉʳ genre, platine.
2ᵉ genre, or.
3ᵉ genre, mercure.
4ᵉ genre, argent.
5ᵉ genre, cuivre
6ᵉ genre, fer.
7ᵉ genre, plomb.
8ᵉ genre, étain.
9ᵉ genre, bismuth.
10ᵉ genre, zinc.
11ᵉ genre, antimoine.
12ᵉ genre, tellure ou silvane.
13ᵉ genre, manganèse.
14ᵉ genre, nickel.

15ᵉ genre, cobalt.

16ᵉ genre, arsenic.

17ᵉ genre, molybdène.

18ᵉ genre, schedium ou tunstène.

19ᵉ genre, titane ou menak.

20ᵉ genre, urane.

21ᵉ genre, chrôme.

22ᵉ genre, cerium.

Le diamant se trouve ici à côté du zircone par la raison qu'ils ont quelque chose d'analogue pour la dureté et la transparence, et qu'ainsi le zircone peut être regardé comme un anneau de transition entre le diamant et les espèces siliceuses moins dures. Mais le diamant, nonobstant sa dureté, est un fossile inflammable, et n'a sous aucun rapport que la dureté, de l'analogie avec les fossiles terreux. Pour ce seul caractère le diamant est donc placé hors de la classe des inflammables auxquels il appartient suivant la base principale du système de Werner, et suivant ses qualités chimiques et physiques. Ainsi, dès le premier anneau de la chaîne, nous trouvons que Werner a péché contre le principe fondamental du système, la composition, pour établir un arrangement de transition semblable à celui de l'histoire naturelle des corps organiques. Nous trouvons de plus dans la première classe, un genre qui a reçu le nom de hallite, du mot grec *αλς*, *sel*, et qui ne renferme que deux sels indissolubles dans l'eau, la boracite-, borate de magnésie, et la chryolite, fluate double d'alumine et de soude. Lorsque, dans les genres précédents, on a trouvé le spath fluor, l'apatite et d'autres fossiles salins non moins indissolubles ni moins durs que les deux qui constituent le genre hallite, on ne peut découvrir aucune raison scientifique pour que ces derniers fassent un genre particulier. Mais si l'on considère l'arrangement de Werner plus en détail, on voit évidemment que ce dont nous venons de parler a eu lieu par la raison que, dans le genre magnésien, il ne se trouve point d'autre fossile, ayant une analogie extérieure avec la boracite, de même qu'il en arrive dans le genre alumineux avec la chryolite. Werner a donc sacrifié la conséquence dans l'arrangement chimique du système entier, au désir de pouvoir disposer les minéraux en classes, ayant des caractères de ressemblance extérieure.

Werner commet encore une inconséquence contre son système considéré chimiquement, en ce qu'il ne rassemble pas les sels dans la seconde classe, qui est proprement destinée aux sels, mais qu'il les dissémine presque sans ordre dans les autres classes. Ainsi l'on trouve, par exemple, le gypse et le spath fluor au genre calcaire ; la boracite au genre hallite, dans la première classe ; le sulfate de magnésie et les vitriols au genre des sulfates dans la seconde classe ; et enfin, les arséniates et les phosphates de fer et de cuivre, aux genres du fer et du cuivre dans la quatrième classe.

Il paraît que le principe a été de classer les sels solubles auprès de leurs bases, et les sels insolubles auprès de leurs acides ; mais Werner s'en écarte en plaçant les tunstates de chaux et de fer, qui tous les deux sont insolubles dans le genre du radical de l'acide. Ces inconséquences dans un système dont la base est prise dans la chimie, sont trop grandes pour qu'elles puissent être négligées et considérées comme sans importance. Elles doivent naturellement être rectifiées à une époque où la science a acquis assez de maturité pour les rendre frappants.

Mais, même dans l'arrangement intérieur, les inconséquences continuent dans tout le système, et toujours dans le dessein de former des groupes naturels, que Werner appelle *sippschaft*. Considérons en quelques-uns : le genre siliceux contient les groupes suivants, 1° Chrysolite, 2° grenat, 3° rubis, 4° schoerl, 5° qvartz, 6° résinite, 7° zéolith, 8° lapis lazuli, et 9° feldspath.

Si on considère ces groupes sous un point de vue général, on y trouve une certaine transition d'un caractère principal à un autre, et ce but a été gagné aussi bien qu'on peut le faire dans un sujet qui n'est possible qu'en apparence ; mais considérons en même temps ce que cet avantage apparent a coûté à l'arrangement d'après le principe fondamental du système. Le groupe ou sippschaft rubis qui se trouve placé auprès du grenat, de l'émeraude et de la topaze, à cause de sa grande dureté, consiste en spinelle, saphir, émery, corindon et spath adamanthin. L'analyse de ces minéraux prouve qu'ils sont composés d'alumine, ou seule, ou combinée avec de la magnésie, et qu'ils contiennent si peu de silice, que l'on considère généralement cette dernière comme purement accidentelle. Nous trouvons donc dans le groupe siliceux des minéraux qui ne contiennent point essentiellement de la silice, mais que Werner y a placés, parce qu'ils ont quelques caractères extérieurs de commun avec des minéraux, dont la silice est un ingrédient essentiel. Il s'ensuit qu'on ne trouve point ces minéraux dans le genre de l'alumine, quoique cette terre soit presque leur unique ingrédient, et la raison pourquoi on les en a exclus, c'est que dans ce genre il n'y a point d'autres groupes de minéraux qui se rapprochent d'eux en dureté, et que par conséquent une transition par degré à des minéraux moins durs n'y a pas été possible.

Mais considérons encore la distribution d'un certain groupe en espèces, et choisissons celui qui suit immédiatement le groupe du rubis. Il est composé de topaze, d'euclase, d'émeraude, de béril et de schoerl ou de tourmaline. Quelques-unes de ces espèces ont une composition extrêmement différente, et d'autres forment absolument la même combinaison chimique. La topaze, par exemple, est un fluosilicate d'alumine, et l'émeraude est un silicate double de glucine et d'alumine. Le béril, d'un autre côté, n'est pour ainsi dire qu'une variété de couleur de l'émeraude, et la tourmaline est un silicate d'alumine et d'un alkali. Ces espèces composées d'une manière si différente, et réunies, parce qu'elles forment ordinairement des cristaux d'une longueur très-considérable, font un groupe naturel, qui, sous le point de vue chimique, est entièrement incohérent. Si, d'un autre côté, nous considérons le groupe du qvartz, nous y trouvons un arrangement qui satisfait à-la-fois le chimiste et ceux qui veulent envisager la minéralogie sous le point de vue de l'histoire naturelle ordinaire. Mais quelle peut donc être la raison de ce contraste? On la trouve sans difficulté dans la circonstance que le groupe du schoerl est composé de combinaisons définies et bien distinctes, qui ne peuvent jamais former aucune espèce de transition l'une dans l'autre, tandis que le groupe du quartz ne se constitue que de la même substance, la silice dans un état non combiné, mais dans des états différents d'agrégation, de transparence, de couleur et de mélanges mécaniques accidentels, dans lesquels cependant les caractères de la silice dominent toujours.

On voit clairement par-là que la possibilité d'arranger les minéraux mélangés d'après le principe de l'histoire naturelle organique, a fait naître chez les minéralogistes l'idée de la possibilité d'appliquer cette classification même aux minéraux non mélangés et purs. Nous venons cependant de prouver qu'une pareille classification pour ces derniers n'est point admissible, puisque dans ce cas il faudrait renoncer au principe fondamental, c'est-à-dire au principe chimique, parce que les deux principes ne se laissent point employer en même temps.

Comme dans le système de Werner, la place que doit occuper chaque espèce minérale, doit être déterminée par quelque analogie dans les caractères extérieurs, il ne peut y avoir aucun

principe fixe, d'après lequel deux minéralogistes
assigneraient la même place dans le système à un
minéral nouveau, puisque les caractères qui peuvent donner lieu à un rapprochement sont souvent nombreux, et puisqu'il dépend entièrement
des vues individuelles de chaque minéralogiste
de déterminer lequel de ces caractères il considère comme ayant le plus d'importance. Pour le
moment, il n'y aurait donc que Werner lui-
même qui pût déterminer quelle place doit occuper un minéral dans son système, puisque ce
système ne dépend que de sa manière de voir
individuelle. Werner n'existant plus, son système sera sans doute changé en autant de systèmes différents, qu'il y a de minéralogistes qui
se servent de ses principes et de sa méthode,
puisque la plupart de ceux-ci placeront probablement d'une manière différente les minéraux
que l'on parviendra à découvrir. Je vais en citer
un exemple : La gadolinite fut découverte après
que Werner eut formé son système ; on y trouva
une nouvelle terre, pour laquelle le système
dont il s'agit n'avait point encore un genre particulier. On aurait cru qu'en y ajoutant ce nouveau genre, la gadolinite eût pu être placée
parmi les autres minéraux terreux. Mais Werner,
qui trouva qu'elle avait de la ressemblance extérieure avec le fer oxidé résinite, la plaça auprès

de ce dernier, puisqu'on avait trouvé 10 p. 100 d'oxide de fer dans la gadolinite. Je suis persuadé que si plusieurs autres minéralogistes avaient désigné une place pour la gadolinite dans le système de Werner en même temps que lui, aucun d'eux n'aurait donné à cette pierre la même place, et cependant on n'aurait point pu dire que l'un eût désigné une place plus juste qu'un autre, puisque le principe qui doit décider ce qui est ici juste ou non manque entièrement.

Un arrangement systématique des minéraux qui dépend uniquement de la manière particulière de voir d'un seul individu, et qui manque de principes fixes et inaltérables, ne peut point être nommé un système scientifique; et je suis persuadé que le système de Werner, en n'entendant que l'ordre selon lequel, dans la description des minéraux, il les a fait suivre les uns après les autres, est parmi ses travaux celui qui présente le moins de mérite réel, et qui se conservera le moins.

M. Hausmann a publié il y a quelques années un nouveau système de minéralogie, fondé, de même que celui de Werner, sur une base chimique, mais dans lequel l'idée que les minéraux peuvent être distribués dans des groupes qui se rapprochent par leurs caractères extérieurs, détermine la place de chaque espèce en particulier. La base du système de Hausmann est parfaitement conséquente ; mais nous verrons que le double principe dont il s'est servi pour les détails, ne lui a point fourni un résultat plus satisfaisant que celui de Werner.

Hausmann paraît tenir beaucoup à cet arrangement en général, qu'il considère comme la seule classification fondée dans la nature. Il s'exprime ainsi à ce sujet : « Un système naturel des corps non organiques doit prendre en considération tout ce qui appartient à leur existence, et doit les placer les uns auprès des autres dans le même ordre que la nature a suivi elle-même. » Ce qui ne peut vouloir dire autre chose que de les ranger dans des groupes d'après leurs ressemblances extérieures, de même que M. Hausmann a tâché de le faire, puisque, dans un autre sens, cette expression présenterait une absurdité.

Voici l'arrangement systématique général de Hausmann.

PREMIÈRE CLASSE. Corps combustibles.

C'est-à-dire corps oxidables et leur combinaisons entre eux.

Premier ordre. *Corps inflammables.*
Corps combustibles non métalliques.

Première sous-division. SIMPLES.

Deuxième sous-division. COMBINÉS ENTRE EUX.

DEUXIÈME ORDRE. *Métaux.*

Des métaux natifs et leurs alliages.

TROISIÈME ORDRE. *Minéraux.*

Des sulfures métalliques.

DEUXIÈME CLASSE. CORPS NON COMBUSTIBLES.

Des oxides et leurs combinaisons entre eux.

PREMIER ORDRE. *Oxides.*

Des oxides qui sont des bases salifiables.

Première sous-division. DES OXIDES MÉTALLIQUES.

Les oxides métalliques partie purs et partie combinés entre eux, ou avec des terres ou avec des oxidoïdes.

Deuxième sous-division. TERRES.

Premier groupe, **simples sans combinaison essentielle avec quelque autre substance.**

Deuxième groupe, **composées, c'est-à-dire combinées chimiquement entre elles, ou avec des oxides métalliques, ou avec des oxidoïdes.**

DEUXIÈME ORDRE. *Oxidoïdes.*

Corps oxidés qui sont ni acides, ni bases sa-

lifiables. (Tels sont, dans l'opinion de M. Hausmann, l'air atmosphérique et l'eau.)

TROISIÈME ORDRE. *Acides.*

QUATRIÈME ORDRE. *Sels.*

Les combinaisons des bases et des acides.

Première sous-division. SELS TERREUX.

1 groupe : sels à base d'alumine.
2. . . . . de magnésie.

Deuxième sous-division. SELS ALKALOIS.

1 groupe : sels à base de soude.
2. . . . . de potasse.
3. . . . . d'ammoniaque.
4. . . . . de chaux.
5. . . . . de strontiane.
6. . . . . de baryte.

Troisième sous-division. SELS MÉTALLIQUES.

1 groupe : sels à base d'oxide d'argent.
2. . . . . de mercure.
3. . . . . de cuivre.
4. . . . . de fer.
5. . . . . de manganèse.
6. . . . . de plomb.
7. . . . . de zinc.
8. . . . . de cobalt.
9. . . . . de nickel.

Après avoir fait cet arrangement général,
Hausmann distribue les minéraux en familles,
substances, formations et variétés. Il appelle
substance un groupe de corps inorganiques, qui
ont de la ressemblance entre eux, quant à leurs
caractères extérieurs, mais qui se distinguent par
quelque propriété, tant extérieure que chimique, de tous les autres corps inorganiques. Les
différences que l'on trouve entre des corps qui
appartiennent au même groupe, c'est-à-dire à la
même substance, produisant des *formations* et
des différences accidentelles dans les membres
d'une même formation, donnent naissance à des
variétés. Quant à la formation des familles, Hausmann s'exprime ainsi : « En distribuant les diverses substances sous leurs classes et ordres, il
faut faire attention, non-seulement à leurs rapports d'affinité chimique, mais sur-tout à ceux
de leur affinité relativement à l'habitude extérieure. » Il entend ici par habitude (*habitus*)
la somme des impressions qu'un corps inorganique fait naître sur nos sens extérieurs. En
rangeant ensemble les corps qui se ressemblent
par cette habitude extérieure, on forme des *familles* (qui ne sont en effet que les *sippschaft* du
système de Werner).

La base chimique du système de Hausmann
est tellement conséquente, qu'on ne saurait lui

rien objecter, sinon l'existence de ses oxidoïdes, qui est contraire aux idées chimiques bien constatées ; mais Hausmann lui-même l'a prévu, **et** considère cette base comme adoptée pour ainsi dire en attendant.

Tandis que Werner de son côté a sacrifié le principe chimique fondamental pour pouvoir former au commencement de son système le beau groupe de minéraux d'une nature chimique bien différente, mais qui se ressemblent par leurs qualités précieuses de dureté et de transparence, en partant du diamant et passant par les zircones, les hyacinthes, les émeraudes, les topazes, etc., pour descendre par degré vers les pierres moins belles, moins dures et moins précieuses. Hausmann, dans un ordre inverse, a sacrifié ce principe soi-disant d'histoire naturelle, pour rester fidèle à l'arrangement chimique, en plaçant ensemble dans le premier ordre de la première classe, le diamant, le soufre et le gaz hydrogène. Ces trois corps sont aussi dissemblables que possible relativement à leur habitude extérieure, et déjà ce premier pas aurait dû le convaincre de l'impossibilité de se servir des deux principes à-la-fois, puisque ce n'est point assez que l'arrangement en général soit d'accord avec le principe fondamental, mais qu'il faut que chaque détail en particulier le soit aussi.

Pour pouvoir mieux suivre les deux principes de l'arrangement systématique, Hausmann admet un ou plusieurs ingrédients comme essentiels dans chaque substance (groupe), et il considère les autres ingrédients comme déterminant les formations ; et s'étant laissé conduire dans toutes ces spéculations plutôt par l'analogie des caractères extérieurs que par le principe chimique, il a fort souvent sacrifié celui-ci aux premiers. Par exemple , dans la substance appelée *oxide de zinc*, et qui n'a pour ingrédient essentiel que l'oxide de zinc, il admet les formations dont il appelle la première zinkglas ; la seconde, gallmey ; la troisième, zinkblüthe ; et la quatrième, zink-ocker. Le premier de ces minéraux, appelé par M. Haüy zinc oxidé électrique, est un silicate de zinc avec eau de cristallisation ; le second est le carbonate neutre anhydre ; le troisième est la combinaison du sous-carbonate de zinc et de l'hydrate de zinc ; et le quatrième paraît être l'oxide de zinc non combiné. Hausmann a donc ici placé dans l'ordre des oxides pour le moins deux espèces qui appartiennent à la classe des sels métalliques, tout aussi bien que les carbonates de plomb et de cuivre, qu'il a placés parmi les sels. De même on trouve dans le système de Hausmann le dioptase (le silicate de cuivre) parmi les sels à base d'oxide de cuivre, tandis qu'il a classé le silicate de zinc auprès de l'oxide de zinc.

Dans la sous - division qui doit contenir des terres isolées, c'est-à-dire hors de toute combinaison, soit entre elles, soit avec quelque autre substance, il a placé deux groupes, dont il appelle le premier *hartstein* (pierre dure), et l'autre *kiesel* (silice). La première a pour ingrédient essentiel l'alumine, et contient les formations du saphir, du chrysoberylle, du spinelle, d'un pléonaste, de la gahnite, du corindon et du lazulithe. Ces pierres ne contiennent, d'après la définition de la sous-division, autre chose que de l'alumine hors de toute combinaison *essentielle*, c'est-à-dire chimique, avec quelque autre substance. Mais comment est-il possible de considérer les 14 p. 100 de magnésie dans le spinelle, les 25 p. 100 d'oxide de zinc dans la gahnite, et les 18 p. 100 de silice, ainsi que les 6 p. 100 de chaux dans le chrysoberylle, comme n'appartenant pas essentiellement à la composition de ces minéraux? Hausmann a donc sacrifié ici non-seulement la conséquence chimique, mais aussi l'idée vraie de leur composition, pour pouvoir réduire sous une même substance tant de combinaisons différentes qui ne doivent point être considérées comme des terres pures, quoiqu'on ne puisse nier que la grande dureté qui leur est commune ne soit due à la quantité considérable d'alumine qui entre dans leur composition. D'un autre côté, on trouve dans la sous-division, *minéraux terreux composés*, c'est-à-dire minéraux qui contiennent des terres combinées entre elles ou avec des oxides, ou avec des oxidoïdes, que le qvartz nectique forme la première formation de la première substance. Or, on sait que le qvartz nectique consiste en silice pure, qui, par sa grande porosité, agit comme substance hygrométrique, et contient beaucoup d'eau interposée dans ses pores, laquelle eau il paraît que M. Hausmann considère comme un ingrédient plus essentiel que ne l'est la magnésie dans le spinelle, ou l'oxide de zinc dans le gahnite.

En pénétrant plus avant dans le système de Hausmann, on trouve que la distribution en famille n'est employée que pour les silicates, et Hausmann imite Werner à beaucoup d'égards; de manière que la famille schoerl de Hausmann contient toutes les mêmes espèces de combinaisons chimiques différentes que le sippschaft du même nom chez Werner. Dans la famille de hornblende, Hausmann introduit un minéral qu'il appelle triklasit, et que l'on a d'ailleurs connu sous le nom de fahlunite. La composition de ce minéral n'est point encore connue, et celui qui, dans un système minéralogique où la chimie entre pour quelque chose, classe un minéral dont la composition est inconnue, commet la même espèce d'inconséquence qu'un botaniste qui voudrait déterminer la place dans le système pour une plante qu'il n'a point encore eu occasion de voir. Dans la substance nommée *polytype*, qui a pour ingrédient essentiel du carbonate de chaux, la dixième formation, qui est nommée *eisenkalk*, contient 97 p. 100 de carbonate de fer, qui, par conséquent, n'y devrait être qu'un ingrédient accidentel. —— Parmi les sels on trouve sous le nom d'attramentstein, le sous-sulfate d'oxide de fer; mais le sous-sulfate d'alumine est placé parmi les combinaisons des terres entre elles ou avec d'autres substances oxidées. Je crois que ces exemples suffiront pour prouver que Hausmann n'a point été plus heureux que Werner dans l'application des deux principes inconciliables sur lesquels il a basé son système.

On trouve en général, tant chez Hausmann que chez Werner, qu'ils ont suivi le principe chimique assez fidèlement dans la distribution des minéraux métalliques et salins, et que ce n'est que dans les classes des pierres proprement dites qu'ils ont laissé leurs deux principes se heurter mutuellement. Je considère cette circonstance comme une preuve qu'ils ont reconnu la nécessité de suivre le principe chimique sans écart par-tout où ce principe a pu être trouvé. Pour

cette raison on ne trouve point parmi les minéraux métalliques des familles et des sippschaft,
comme il s'en rencontre dans les minéraux terreux. On a classé ensemble le pechblende (urane
oxidulé) l'uranglimmer (oxide d'urane micacé)
et l'uranocker (oxide d'urane jaune pulvérulent)
malgré la grande différence de leurs caractères
extérieurs, et on n'a jamais réuni en une même
famille le fer oxidé résinite, le fer chromé, le
manganèse phosphaté, l'urane oxidulé, l'yttro-
tantale, le tantalite, le wolfram et d'autres minéraux métalliques qui se ressemblent souvent
tellement pcr leurs caractères extérieurs, qu'on
a peine à les distinguer sans l'aide des réagents
chimiques. Mais si on reconnaît la préférence des
principes chimiques dans une partie du système,
on ne saurait la contester pour les autres parties.

Parmi les systèmes minéralogiques de la troisième classe, qui se fondent exclusivement sur
le principe chimique, je citerai celui de Karsten
et celui de Haüy, qui sont les plus connus.

Le système de Karsten est partagé en quatre
classes principales de même que celui de Werner, savoir : les terres, les sels, les corps combustibles et les métaux.

La classe des terres contient les familles suivantes : zircone, yttria, silice, alumine. magnésie, chaux, strontiane et baryte.

La seconde classe des sels contient tous les sels solubles dans l'eau, et rangés d'après leurs acides. Les sels terreux insolubles sont placés auprès de leurs bases, et les sels métalliques auprès de leurs métaux.

La troisième classe contient des minéraux combustibles, tant simples que composés.

La quatrième classe comprend tous les minéraux qui contiennent des substances métalliques, excepté des silicates de fer et de manganèse (1).

En jetant un coup-d'œil sur le système de Karsten, après avoir parcouru ceux qui précèdent, on trouve avec satisfaction que la confusion qui s'y était introduite dans l'ordre apparent, commence à se dissiper ; et celui qui considère le système de Karsten sous un point de vue général, prend des idées plus claires et plus correctes sur la nature des productions du

(1) On pourrait reprocher aux minéralogistes qu'ils ont toujours placé des minéraux qui contiennent du fer ou du manganèse, parmi les minéraux terreux, et non pas parmi les substances métalliques, comme on ferait si, au lieu de fer ou de manganèse, ces minéraux contenaient du cérium ou de l'urane. Cependant ce reproche serait précipité, puisqu'il n'y a que les oxides de fer et de manganèse qui donnent les silicates doubles avec les terres ; d'où il suit qu'on peut tout aussi bien classer leurs silicates auprès de ceux des terres.

règne minéral, que celles qui résultent par les arrangements de Werner et de Hausmann. Malgré
cela, on trouve, même dans le système de Karsten, des inconséquences chimiques qui, à l'é-
poque où ce système fut établi, auraient pu être
évitées. Le genre de la silice embrasse presque
tous les silicates, sous-divisés d'après leurs bases;
mais il ne se trouve aucune raison plausible pourquoi la zircone et la gadolinite n'ont point été
classées dans le genre de la silice, tout aussi bien
que l'émeraude. Il en est de même du lazulithe,
de l'iolithe, de l'andalusite, de la tourmaline, etc.,
qui sont placés dans le genre de l'alumine, et
qui auraient dû être classés dans le genre siliceux, parmi les autres silicates à base d'alumine.

Les silicates ont été la pierre d'achoppement
dans tous les systèmes minéralogiques, et même
Karsten n'a point pu se tirer de ce sujet sans
donner lieu à des critiques fondées. Le genre
de la silice est dans son système sous-divisé de
la manière suivante : a), silice et glucine ; b),
silice avec des mélanges peu considérables; c),
silice avec eau ; d), silice avec alumine et eau ;
e), silice avec alumine, chaux, baryte et un alcali ; f), silice avec magnésie ; g), silice avec
chaux ; h), silice avec chaux, alumine et gypse.
Il est évident que si cet arrangement doit être

considéré comme étant de quelque importance,
les minéraux compris dans chaque sous-division
doivent contenir les substances énumérées dans
la définition de la sous-division. Cependant Karsten s'est permis parfois de s'en écarter. Ainsi,
on trouve la népheline et le bisilicate de manganèse dans la sous-division précitée sous *e*), quoique ces minéraux ne contiennent point d'alcali.
Cependant de pareils écarts, qui souvent dérivent
d'une connaissance imparfaite de la substance
que l'on veut placer, ne sont point des inexactitudes appartenant au système, mais plutôt des
erreurs partielles contre le principe du système,
et se laissent aisément changer, sans que le système lui-même soit par-là changé en rien.

En nous dirigeant ensuite vers le système de
M. Haüy, la clarté des vues augmente ; et il faut
avouer que ce dernier système, pour le temps
où il a été fait, était non-seulement le plus conséquent de tous, mais encore il était aussi parfait qu'on pouvait l'attendre de l'état où nos
connaissances étaient à cette époque. Voici l'exposition générale de ce système :

PREMIÈRE CLASSE : *Substances acidifères.*

Premier ordre. Substances acidifères libres.
Second ordre. Substances acidifères terreuses.

Troisième ordre. Substances acidifères alkalines.

Quatrième ordre. Substances acidifères alkalino-terreuses.

SECONDE CLASSE : *Substances terreuses.*

TROISIÈME CLASSE : *Substances combustibles non métalliques.*

Premier ordre. Simples.

Second ordre. Composées.

QUATRIÈME CLASSE : *Substances métalliques.*

Premier ordre. Non oxidables immédiatement.

Second ordre. Oxidables et réductibles immédiatement.

Troisième ordre. Oxidables, mais non réductibles immédiatement.

     a. Sensiblement ductiles.

     b. Non ductiles.

Dans ce système, on trouve tous les sels placés sous leurs bases, qu'ils soient solubles dans l'eau ou non. (Les tunstates font cependant une exception, puisqu'ils sont placés auprès de leur acide.) La seconde classe, les substances terreuses, contient les silicates à base d'alcalis, de terres et d'oxide de fer. M. Haüy les a mis ensemble, sans aucune prétention de pouvoir leur donner

un ordre scientifique entre eux. Il commence
par les plus simples et les plus durs, et finit par
ceux qui sont moins durs et terreux. La classe
qui renferme les métaux, est rangée d'une
manière si conséquente, que les vues théoriques
de la chimie, quoiqu'elles aient gagné beaucoup
d'extension dans ces derniers temps, n'ont que
peu ou rien à y changer. En comparant ce qui
était connu de la composition des minéraux, à
l'époque où ce système fut établi (c'est-à-dire
les analyses que M. Haüy avait à consulter), avec
sa méthode systématique, on se sent forcé d'ad-
mirer ce rare talent de trouver le vrai dans des
recherches pour les bases desquelles il y avait si
peu de données. M. Haüy se fraya une nouvelle route, par l'étude assidue des formes
cristallines et des rapports de leurs variétés à
de certaines formes primitives. Les résultats de
ces travaux lui firent devancer, pour ainsi dire,
l'analyse chimique, et le mirent en état de déterminer, d'une manière très-positive, ce qui
doit être considéré comme espèce particulière,
c'est-à-dire, comme une combinaison chimique
définie.

C'était une suite nécessaire de la marche conséquente de la méthode de M. Haüy, que plusieurs minéraux ne pouvaient trouver une place
dans son système, par la raison qu'on n'en avait

point encore pris une connaissance assez exacte. Cette circonstance a été représentée comme un défaut dans sa méthode, mais c'est à tort, et l'on n'a fait par là qu'indiquer qu'on serait porté à se contenter tout aussi bien de conjectures que de connaissances positives. M. Haüy non-seulement l'a senti lui-même, mais il l'a aussi fait observer à ses élèves. Broignart (Traité élém. de minér., I, 55-56) expose les idées de son maître sur ce point, d'une manière qui honore également l'élève et le maître, et qui satisfait aux prétentions scientifiques même les plus rigoureuses.

Il est à présumer que si M. Haüy, à l'époque où il établissait son système, avait connu la découverte, faite long-temps après par Davy, de la réduction des alcalis et des terres, et que s'il avait connu aussi les idées sur la nature des combinaisons des terres entre elles, qui ont été le fruit de travaux plus récents, il nous aurait donné un système peut-être identique avec celui dont je tracerai les premières lignes, et qui ne peut être considéré que comme une application des découvertes chimiques récentes au système de M. Haüy.

Il est évident que le principe d'après lequel la plupart des substances métalliques sont arrangées, doit aussi être suivi pour l'arrangement des

autres minéraux. Si jusqu'ici on n'a point classé
les pierres de la même manière que les substances
métalliques, cela tient à ce que l'on a ignoré que
les terres et les alcalis sont aussi des oxides métalliques ; mais du moment que ce fait vient à
être prouvé, il faut ranger les pierres d'après le
même principe que celui qui constitue la base
de l'arrangement systématique des corps, dont
on savait déjà qu'ils étaient des substances métalliques.

La plupart des minéralogistes ont classé les
métaux, leurs oxides, leurs alliages, leurs sulfures et leurs sels, d'après le principe chimique.
On découvre ensuite que les alcalis et les terres
sont aussi des métaux oxidés ; il s'ensuit donc
qu'il faut les classer, ainsi que leurs combinaisons, d'après le même arrangement systématique dont nous nous servons pour les métaux
connus depuis long-temps. Les sels ont de même
généralement été classés d'après le principe chimique, soit sous leur base, soit sous leur acide.
La chimie nous démontre que toutes les combinaisons de corps oxidés doivent être envisagées
comme des sels, c'est-à-dire, qu'elles ont leurs
bases et leurs acides, et que, parmi ces derniers,
nous devons compter la silice, l'oxide de tantale,
l'oxide de titane, etc. Il devient donc nécessaire
de classer toutes les combinaisons de corps oxi-

dés, de la même manière que les sels, c'est-à-dire, qu'elles doivent être placées ou sous leur base, ou sous leur acide.

En peu de mots, le changement dans le système minéralogique que je propose, n'est qu'un essai pour le mettre au niveau des découvertes qui viennent d'être faites en chimie, et qui nous mettent à même de mieux saisir la constitution chimique des productions du règne minéral. J'espère pouvoir compter sur l'approbation des savants non prévenus.

ARRANGEMENT SYSTÉMATIQUE

DES MINÉRAUX.

—

Nous avons vu que les objets d'une classification minéralogique se partagent naturellement en deux classes, dont l'une est formée de corps simples et de corps combinés d'après le principe de la composition inorganique, et l'autre de ceux qui sont combinés d'après le principe de la composition organique.

La première de ces classes, je la sous-divise en familles, et chaque corps simple peut en donner une. Les familles sont rangées dans un certain ordre, de manière qu'elles commencent par le corps simple le plus électro-négatif, l'oxigène ; les corps se suivent après cela, à mesure qu'ils sont de plus en plus électro-positifs, et la série se termine par le plus électro-positif de tous, le potassium. J'ai conclu aux propriétés électro-chimiques des corps simples, par celle de leur degré d'oxidation, qui est douée des affinités les plus marquantes.

Afin de donner des points d'appui à la mémoire, j'ai partagé les familles des corps combustibles en ordres de la manière suivante :

Premier ordre : *Métalloïdes;* par ce mot j'entends les corps combustibles simples qui ne possèdent point les caractères principaux des métaux ; tels sont, par exemple, le soufre, le bore, le charbon. Second ordre : *Métaux électro-négatifs;* c'est-à-dire, métaux dont les oxides tendent plutôt à jouer le rôle d'un acide que celui d'une base, dans leurs combinaisons avec d'autres corps oxidés. Troisième ordre : *Métaux électro-positifs*, dont les oxides forment de préférence des bases salifiables. J'ai partagé le dernier ordre en deux sous-divisions, dont la première contient les métaux dont les oxides se laissent réduire moyennant du charbon par la méthode ordinaire, c'est-à-dire les métaux anciennement connus ; et la seconde contient les métaux qui ne se laissent point réduire par les moyens ordinaires. Ces métaux sont les radicaux des alcalis et des terres.

Cette distribution facilite la mémoire en même temps qu'elle couvre ce défaut dans nos connaissances, qui fait qu'un arrangement parfait, d'après les caractères électro-chimiques, n'est point possible pour le moment. Je suis persuadé qu'aucun chimiste qui s'est occupé des idées électro-chimiques, ne saura placer à son entière satisfaction, d'après le rapport des caractères électro-positifs, le charbon, l'hydrogène, le zirconium, l'aluminium, etc. Par la distribution que je viens d'indiquer, on ne s'aperçoit plus de cette imperfection dans nos connaissances, et l'ordre adopté pourra nous servir jusqu'à ce que de nouvelles découvertes nous aient donné des vues plus étendues, et que des connaissances plus claires et plus sûres nous aient mis en état de faire un arrangement plus correct et plus parfait.

J'ai placé le silicium parmi les métaux électro-négatifs. Quelques expériences de M. Davy paraissent prouver que ses caractères se rapprochent plus de ceux des métalloïdes ; mais comme ce point ne peut pas encore être considéré comme déterminé, et comme sa place parmi les métaux électro-négatifs présente des avantages pour tout le système, je lui ai conservé cette place.

Les bases de l'arrangement des espèces minérales sous chaque famille sont exposées dans le développement précédent avec tant de détail, que j'en considère toute répétition comme inutile ici.

L'arrangement systématique ne s'occupe que des minéraux purs, ou tellement fondus ensemble, que l'œil ne peut plus découvrir qu'ils sont mélangés.

Chaque espèce est composée des mêmes ingrédients dans les mêmes proportions. La plus petite addition d'une substance qui d'une manière essentielle appartient à la combinaison, produit une espèce nouvelle. Jusqu'ici, nous n'avons d'autre moyen de découvrir si l'addition d'une substance est essentielle ou non, qu'en observant les changements produits dans la forme cristalline du minéral, et quelquefois par la connaissance d'une combinaison analogue que nous pouvons produire dans nos laboratoires. Ainsi je considérerai le gypse anhydre comme une espèce, et le gypse avec eau de cristallisation comme une autre : le stilbite comme une espèce, et la chabasie comme une autre, malgré la petite différence dans les proportions de leurs ingrédients.

Une même espèce peut se montrer sous diverses variétés de couleur et de transparence, de formes cristallines secondaires, et enfin de mélanges étrangers. Les deux premières sortes de variétés n'entrent pour rien dans l'arrangement systématique, elles appartiennent entièrement à la Minéralogie descriptive. Mais les variétés de mélanges étrangers doivent être prises ici en considération. Nous avons donc pour principe de placer un minéral mélangé en parties invisibles sous l'espèce dont il possède les caractères les plus marquants, tels, par exemple, que la forme cristalline, et nous ne nous en écarterons que lorsqu'une substance prend la forme d'une autre, dont elle ne contient que quelques pour 100. Ainsi, par exemple, nous placerons sous le carbonate de chaux tous les mélanges cristallisés de cette espèce avec carbonate de fer et de manganèse ; mais le carbonate de fer qui ne contient que 5 à 6 p. 100 de carbonate de chaux, nous le placerons dans la famille du fer, quoiqu'il paraisse s'être moulé dans la forme cristalline du carbonate de chaux. Si dans des cas pareils, nous ne voulions envisager que la forme cristalline seule, elle nous écarterait du principe du système qui est tiré de la composition, et non des circonstances accidentelles, telles par exemple, qu'une forme étrangère imprimée, par des causes peu connues, à la substance que nous devons placer. Dans l'énumération systématique suivante, j'ai donné très-peu de minéraux mélangés, et lorsque j'en présente, c'est plutôt comme des exemples, que j'ai notés par des lettres en italique, de manière qu'on peut les distinguer sans difficulté des espèces.

J'ai partagé les minéraux de chaque famille en *genres chimiques*, par exemple, des sulfures, des oxides, des sulfates, des muriates, etc. Ainsi le genre *sulfate*, de la famille du fer, contient quatre espèces, savoir : le vitriol vert, le vitriol rouge, l'ochre vitriolique ou le fer sous-sulfaté terreux, et le fer sous-sulfaté résinite. Le genre *silicate* des familles des terres contient souvent un grand nombre d'espèces, dont la plupart possèdent deux bases, et dont la plus forte détermine la famille à laquelle le silicate doit être placé. J'ai déjà parlé de la nécessité de partager ces silicates en sous-divisions, d'après les différentes bases additionelles. Dans la famille du calcium, nous avons des silicates doubles, à base de chaux et d'oxidule, ou d'oxide de fer, de chaux et d'alumine, et de chaux et de magnésie, dont chacun donne une sous-division particulière. Dans chacune de ces sous-divisions, le nombre des espèces peut devenir grand, par les causes suivantes : $1°$ la base double peut être composée d'un différent nombre de molécules de chaque base simple; ainsi, par exemple, dans les silicates doubles de chaux et d'alumine, la base double peut être composée de $C + A$, $C + 2 A$, $C + 3 A$, $C + 4 A$, etc., ou bien de $2 C + A$, $3 C + A$, etc., quoique je ne sache aucun exemple de ces deux derniers; $2°$ les bases peuvent être dans des degrés différents de saturation avec la silice. Quelquefois les deux bases sont au même degré de saturation, et d'autres fois la base la plus forte est plus saturée de silice que la base plus foible. On verra par la suite que nous connaissons déjà un grand nombre d'espèces différentes, où la base est $C + 3A$; et dont la différence consiste dans leurs différents degrés de saturation par la silice. J'ai, dans quelques familles, ajouté encore une sous-division pour des silicates avec trois ou plusieurs bases. J'ai des raisons de croire que de telles combinaisons existent; mais cette matière est encore si peu examinée, et nos connaissances là-dessus sont par conséquent si imparfaites, que je ne puis pas dire avec certitude si des silicates à base triple existent en effet ou non, puisqu'il serait possible que des minéraux que nous considérons comme tels, ne soient en effet que des silicates à base double intimement mélangés, mais non chimiquement combinés avec d'autres silicates simples ou doubles.

Dans la table suivante, on trouve les genres chimiques dans la première colonne; la seconde contient le nom du minéral. J'ai, avec peu d'exceptions, employé les noms de M. Haüy, non-seulement parce qu'ils sont mieux connus dans ce pays, mais sur-tout parce qu'ils sont en général bien choisis, sonores, et peuvent appartenir à toutes les langues, circonstance que je considère comme d'une très-grande importance. La troisième colonne contient les formules qui expriment la composition des minéraux, et la quatrième les citations des analyses d'après lesquelles les formules ont été calculées. Dans ces calculs, j'ai souvent examiné la méthode analytique employée, et j'ai fait des corrections partout où l'auteur, en tirant son résultat d'un précipité de sulfate de plomb ou de barite, de muriate d'argent, etc., a fait son calcul d'après des analyses moins exactes de ces combinaisons. On trouvera que la plupart des minéraux bien caractérisés ont déjà une formule qui possède un haut degré de probabilité, quoiqu'il soit très-possible qu'il y en ait quelques-unes qui, ayant été calculées d'après des analyses inexactes, auront besoin de rectifications. J'ai quelquefois mis des signes d'interrogation (?) où j'ai eu des doutes, tant sur la place véritable du minéral, que sur la justesse de la formule ou de l'exactitude de l'analyse, d'après lesquelles j'ai calculé. J'ai quelquefois admis, d'après les analyses de grands chimistes, comme espèces particulières, des minéraux qui, sous un point de vue cristallographique, ne peuvent point être considérés comme tels ; et je l'ai fait, puisque je ne me considère point comme ayant le droit de rejeter un résultat chimique, si je ne l'ai point répété et trouvé inexact. Le labrador peut servir d'exemple. On le considère comme une variété du feldspath ; mais Klaproth n'y a point trouvé de potasse, il ne peut donc pas être un feldspath, si toutefois le résultat de

Klaproth est exact. Des expériences futures éclairciront ces doutes.

Je me suis servi de deux espèces de formules, les chimiques et les minéralogiques. J'ai prévu que cela pourrait donner lieu à des méprises, sur-tout avant que l'on soit accoutumé à leur usage ; mais j'ai cru pouvoir les prévenir en écrivant toujours les formules minéralogiques en lettres italiques. Je me suis servi des formules minéralogiques, comme je l'ai dit, parce qu'elles ne dépendent d'aucune hypothèse, et ne sont qu'une expression extrêmement simple de la composition qualitative et quantitative d'un minéral. Quant aux formules chimiques, elles sont sujettes à changer, d'après des changements dans nos idées du nombre des atomes élémentaires dont chaque substance est composée. Celles que je donne ici se basent sur ma manière très-hypothétique, à la vérité, de compter ces atomes, mais la seule que j'aie pu trouver jusqu'ici. Il est à présumer que l'on parviendra avec le temps à saisir des circonstances qui, d'une manière plus sûre, nous indiqueront le nombre des atomes ; et ce que j'ai supposé être le poids d'un atome, peut en effet être celui de deux, ou quelquefois aussi de trois ou quatre atomes. Les signes changeront donc d'après les changements dans l'hypothèse qui leur sert de base. Mais, du reste, chaque signe dénotant un poids

donné d'une substance donnée, il peut être entièrement indifférent, quant aux avantages pratiques que présentent ces formules, que le nombre
d'atomes soit exact ou non. Pourvu qu'on les ait
construits d'une manière conséquente, le résultat d'un calcul fondé sur elles, sera toujours le
même, comme si elles étaient exactes.

J'ai tâché de n'oublier aucun minéral dans
l'énumération suivante ; mais je n'ai pu y placer ceux qui n'ont point été analysés jusqu'ici.
Plusieurs substances regardées comme des espèces particulières par l'école allemande, ne
s'y trouvent point, puisque M. Haüy les a combinées avec d'autres espèces, et puisque les raisons
qu'il en a données me paraissent concluantes et
décisives.

Quant à la seconde classe des substances fossiles, laquelle contient des restes d'une organisation détruite, elle doit être arrangée d'après
un principe analogue à celui de l'histoire naturelle des corps organiques, c'est-à-dire, en
groupes dont les différents membres ont une affinité extérieure entre eux, puisque les éléments
y sont toujours les mêmes, et ne varient que dans
leurs proportions. J'ai partagé cette classe en six
genres, en commençant par ceux où les traces
de l'état primitif se sont le mieux conservées,
et en avançant vers ceux qui sont déjà si altérés,

que toute trace de leur origine a disparu. J'ai terminé la classe par quelques sels fossiles dont l'un des principes constituants est d'une origine organique.

Énumération systématique des minéraux.

PREMIÈRE CLASSE.

Elle renferme des corps simples et des corps composés d'après le principe de la composition organique, c'est-à-dire, ceux dans lesquels les atomes composés du premier ordre ne contiennent que deux éléments.

A. OXIGÈNE.

B. CORPS COMBUSTIBLES.

1ᵉʳ Ordre. *Métalloïdes.*

Genre chimique.	Noms minéralogiques.	Signes chimiques.
	1. Famille. *Soufre.*	
Natif.	Soufre natif.	S.
Oxidé.	Acide sulfureux.	S̈
	Acide sulfurique.	S⃛ + Aq.

Genre chimique.	Noms minéralogiques.	Signes chimiques.

2. Famille. *Radical muriatique.*

Genre chimique.	Noms minéralogiques.	Signes chimiques.
Oxidé.	Acide muriatique.	$\ddot{M}+Aq.$

3. Famille. *Radical nitrique.*

Natif.	Gaz azote.	$\dot{N}$

4. Famille. *Boron.*

Oxidé.	Acide borique.	$\ddot{B}$

5. Famille. *Radical carbonique.*

Natif.	Diamant.	C
	Anthracite.	
Oxidé.	Gaz acide carbonique.	$\ddot{C}$

6. Famille. *Hydrogène.*

Sulphure.	Gaz hydrogène sulfuré.	H^2S
Carbure.	Gaz hydrogène carburé.	H^2C
Oxidé.	Eau.	$H^2O = Aq.$

Genre chimique.	Noms minéralogiques.	Signes chimiques.

2ᵉ Ordre. *Métaux électro-négatifs,*

Comprenant les métaux dont les oxides, dans leurs combinaisons avec d'autres corps oxidés, ont une plus grande tendance à jouer le rôle d'acide que celui de base salifiable.

1. Famille. *Arsenic.*

Natif.	Arsenic natif.	As
Sulfure.	Arsenic sulfuré rouge.	$As\,S^2$
	Arsenic sulfuré jaune (1)	$As\,S^3$
Oxidé.	Acide arsenieux.	$\overset{...}{As}$

2. Famille. *Chrôme.*

Oxidé.	Oxide vert de chrôme (2).	$\overset{...}{Ch}$

3. Famille. *Molybdène.*

Sulfure.	Molybdène sulfuré.	$Mo\,S^2$
Oxidé.	Acide molybdique (3).	$\overset{...}{Mo}$

4. Famille. *Antimoine.*

Natif.	Antimoine natif.	Sb
Sulfure.	Antimoine sulfuré.	$Sb\,S^3$
	Antimoine sulfuré rouge (4).	$\overset{...}{Sb}+2SbS^3$
Oxidé.	Oxide d'antimoine.	$\overset{...}{Sb}$
	Acide antimonieux.	$\overset{....}{Sb}$
	Acide antimonique (5).	$\overset{:\,:}{Sb}$

Genre chimique.	Noms minéralogiques.	Signes chimiques.

5. Famille. *Titane.*

| Oxidé. | Anatase
Ruthile. (6) | |

6. Famille. *Silicium.*

| Oxidé pur. | Cristal de roche avec toutes les variétés de couleurs et de transparence connues sous les noms de cal-cédoine, quartz, opale, etc. (7). | Si |
| Oxidé mélangé | Agate, carnéole, jaspe, etc. | |

3ᵉ Ordre. *Métaux électro-positifs,*

Dont les oxides ont une plus grande tendance à jouer le rôle de base que celui d'acide.

1ᵉʳᵉ Sous-division. *Métaux dont les oxides, soumis à l'ac-tion d'une haute température, se réduisent, soit par eux-mêmes, soit par l'addition de charbon, et qui sont les radicaux des anciens oxides métalliques proprement dits.*

1. Famille. *Iridium.*

| Osmiure. | Paillettes d'iridium et d'os-mium. | I Os |

2. Famille. *Platine.*

| Natif. | Platine natif, gris et noir. | Pt. |

Genre chimique.	Noms minéralogiques.
	3 Famille. *Or.*
Natif.	Or natif.
Tellure.	Tellure natif auro-argentifère.
	Tellure natif auro-plombifère.
	4. Famille. *Mercure.*
Natif.	Mercure natif.
Sulfure.	Mercure sulfuré.
	Mercure sulfuré bitumifère (8)·
Muriate.	Mercure muriaté.
	5. Famille. *Palladium.*
Natif.	Palladium natif.
	6. Famille. *Argent.*
Natif.	Argent natif.
Sulfure.	Argent sulfuré.
	Argent sulfuré noir.
	Argent sulfuré rouge.
Arseniure.	Argent arsenié.
Stibiure.	Argent antimonial.
	Silberspiesglanz (Werner).
Aurure.	Electrum.
Amalgame	Mercure argental.
	Mercure argental liquide.
Muriate.	Argent muriaté.
Carbonate.	? Argent gris de *Selb.*

Signes chimiques.	Analyses d'après lesquelles les formules sont calculées.
Au	
$AgTe^2 + 3AuTe^6$	
$AgTe^2 + 2PbTe^2 + 3AuTe^3$	
Hg	
Hg S^2	
$Hg\ddot{M}$	
Ag	
AgS^2	
$\dddot{Sb} + 2SbS^3 + 6AgS^2$	Klaproth, Beytr. I. 155.
Ag^2Sb	— — — III. 175.
Ag^3Sb	— — — II. 301.
$AgAu^2$	— — — IV. 3.
$AgHg^2$	— — — I. 183.
$Ag\ddot{M}^2$	
? $Ag\ddot{C}^2 + \ddot{A}g\dddot{Sb}$	*Selb.*, Diction. de chimie, p. Aikin, II. 295.

Genre chimique.	Noms minéralogiques.
	7. Famille. *Bismuth.*
Natif.	Bismuth natif.
Sulfure.	Bismuth sulfuré.
	Bismuth sous-sulfuré.
Oxidé.	Bismuth oxidé.
	8. Famille. *Étain.*
Oxidé.	Étain oxidé.
	9. Famille. *Plomb.*
Natif.	Plomb natif.
Sulfure.	Plomb sulphuré.
	Bournonite (Spiesglanzbleyerz).
	Plomb sulfuré antimonifère et argentifère (Licht Weissgültigerz).
	Plomb sulfuré antimonifère (Dunkel Weissgültigerz).
	Plomb sulfuré bismutifère.
Tellure.	Tellure natif auro-plombifère laminaire (9).
Oxidé.	Plomb oxidé jaune.
	Plomb oxidé rouge.
Sulfate.	Plomb sulfaté.
Murio-carbonate	Plomb muriaté (10).
Phosphate.	Plomb phosphaté.
	Plomb phosphaté arsenifère.
Carbonate.	Plomb carbonaté.

Signes chimiques.	Analyses d'après lesquelles les formules sont calculées.
Bi	
BiS^2	
Bi^2S	Klaproth, Beytr. I. 256.
$\ddot{B}i$	
$\overset{...}{Sn}$	
Pb	
PbS^2	
$PbS^2+2CuS+SbS^3$	Hatchett, Phil. Trans., 1804, p. 163. Klap., Beytr. IV. 30.
$AgS^2+2PbS^2+2BiS^2$	Klaproth, Beytr. II. 297.
$AuTe^3+2PbS^2+4PbTe^2$	— — — III. 32.
$\ddot{P}b$	
$\overset{...}{P}b$	
$\ddot{P}b\overset{...}{S}^2$	
$\ddot{P}b\ddot{M}^2+\ddot{P}b\ddot{C}^4$	
$\ddot{P}b\overset{...}{P}$	
PbC^2	

Genre chimique.	Noms minéralogiques.
Arseniate.	Plomb arseniaté.
Chromate.	Plomb chromaté.
Molybdate.	Plomb molybdaté.
	10. Famille. *Cuivre.*
Natif.	Cuivre natif.
Sulfure.	Cuivre sulfuré.
	Cuivre sulfuré argentifère (11).
	Cuivre pyriteux.
	Cuivre gris (12).
	Cuivre gris antimonifère.
	Cuivre gris arsenifère.
	Cuivre sulfuré bismutifère.
	Étain sulfuré.
	Bismuth sulfuré plumbo-cuprifère (Nadelerz).
Séléniure.	Cuivre sélénié.
	Eukairite (13).
Oxidé.	Cuivre oxidulé.
	Cuivre oxidé.
Sulfate.	Cuivre sulfaté.
	Cuivre sous-sulfaté.
Muriate.	Cuivre muriaté.
Phosphate.	Cuivre phosphaté (14).
Carbonate.	Cuivre carbonaté vert.

Signes chimiques.	Analyses d'après lesquelles les formules sont calculées.
$\ddot{P}b\ddot{A}s$	
$\ddot{P}b\ddot{C}h$	
$\ddot{P}b\ddot{M}o^2$	
Cu	
CuS	
$2CuS+AgS^2$	Stromeijer, Gilb. ann. 1816. oct. p. 111.
FeS^2+CuS	Klaproth, Beytr. II. 281.
BiS^2+CuS	Klaproth, Beytr. IV. 91.
SnS^2+2CuS	— — — II. 257.
$PS^2+2CuS+2BiS^2$	? John. Neue Ch. Unt. p.216.
$CuSe$	Mon Analyse, Afhand. i
$2CuSe+AgSe^2$	Fysik. etc. VI. 139.
$\dot{C}u$	
$\ddot{C}u$	
$\ddot{C}u\ddot{S}^2+10Aq.$	
$\ddot{C}u^3\ddot{S}^2+6Aq.$	
$\ddot{C}u^2\ddot{M}+4Aq.$	Proust, Klaproth.
$\ddot{C}u^2P$	Klaproth, Beytr. III. 206.
$\ddot{C}u\ddot{C}+Aq.$	

Genre chimique.	Noms minéralogiques.
Carbonate.	Cuivre carbonaté bleu (15).
Arseniate.	Cuivre arséniaté (16).
Chromate.	Vauquelinite (plomb chrômé).
Silicate.	Cuivre dioptase.
	Cuivre siliceux (cuivre hydraté , kieselmalachit)(17).

11. Famille. *Nickel.*

Natif.	Nickel natif capillaire.
Arseniure.	Nickel arsenical (Kupfer-nickel).
	Nickel arsenical antimonifère (Nickel-Spiseglanzers).
Oxidé.	Nickel oxidé noir (Nickel schwärze).
Arsenite.	Nickel arsenical (Nickel blüthe).
Silicate ?.	Pimélite.

12. Famille. *Cobalt.*

Sulfure.	Cobalt sulfuré.
Arseniure.	Cobalt arsenical (18).
	Cobalt gris.
	Cobalt arsenical gris noirâtre.
	Cobalt arsenical blanc argentin.
Oxidé.	Cobalt oxidé noir.
Sulfate.	Cobalt sulfaté.

Signes chimiques.	Analyses d'après lesquelles les formules sont calculées.
$\ddot{C}uAq^2{+}2\ddot{C}u\ddot{C}^2$	
$\ddot{C}u^3\dddot{C}h^2{+}2\ddot{P}b^3\dddot{C}h^2$	Mon Analyse, Afhand. VI. 100.
$\ddot{C}u^3\dddot{S}i^2{+}12Aq.$	John., Chem. Unters. 252.
Ni.	
NiAs.	Stromeijer, Thoms. Annals. aug. 1818, p. 152.
$NiAs,NiSb,SbS^3$	Klaproth, Beytr. VI. 334.
$\ddot{N}i$	
$\ddot{N}i^2\dddot{A}s{+}8Aq.$	Strommeijer, Thoms. Annals. aug. 1818, p. 152.
$\ddot{N}i\dddot{S}i^4{+}20Aq.$	Klaproth, Beytr. II. 139.
$FeS^4{+}4CuS{+}12CoS^3$	Hisinger, Afh. i Fys. III. 316.
$CoAs^2,As$	Stromeijer, Ann. de chim. et de phys. VIII. 81.
$CoAs^2{+}CoS^4$	
$CoAs{+}FeAs$	Laugier, Annales de chimie. LXXXV. 33.
$CoAs^2{+}CoS^4,FeAs^2{+}FeS^4$	
$\dddot{C}o$	

Genre chimique.	Noms minéralogiques.
Arseniate.	Cobalt arseniaté.

13. Famille. *Urane.*

Oxidé.	Urane oxidulée.

14. Famille. *Zinc.*

Sulfure.	Zinc sulfuré (Blende).
Oxidé.	Oxide de zinc terreux (Zinkocker).
Sulfate.	Zinc sulfaté.
carbonate.	Zinc carbonaté.
	Zinc carbonaté cadmifère.
	Zinc sous-carbonaté.
Silicate.	Zinc calamine (19).
Aluminate.	Gahnite (spinelle zincifère).

15. Famille. *Fer.*

Natif.	Fer natif.
	——météorique.
	——fossile.
Sulphure.	Pyrite magnétique (20).
	Pyrite blanche.
	Pyrite commune.

Signes chimiques.	Analyses d'après lesquelles les formules sont calculées.
$\ddot{C}o^3\ddot{A}s^2 + 12Aq.$	Bucholz, Journ. f. Ch. Phys. und Miner., IX. 314.
$\ddot{U}$	
ZnS^2	
$\ddot{Z}n$	
$\ddot{Z}n\ddot{S}^2 + 10Aq.$	
$\ddot{Z}n\ddot{C}^2$	Smithson, Phil. trans., 1803., 17.
$\ddot{Z}nAq^6 + 3\ddot{Z}n\ddot{C}$	Mon Analyse, Afh. i Fys. VI. 36.
$\ddot{Z}n^3\ddot{S}i^2 + 3Aq.$ ou $2ZnS + Aq.$	
$\ddot{Z}n\ddot{A}l^4$	Ekeberg, Afh. i Fys. I. 84.
Fe	
Fe,Ni	
Fe,Pb	
$FeS^4 + 6FeS^2$	Stromeijer, Gilb. Annal. der Phys. XVIII. 186.
FeS^4	

Genre chimique.	Noms minéralogiques.
Carbure.	Graphite.
Arseniure.	Misspickel (21).
Oxidé.	Fer oxidé.
	Fer oxidulé (22).
Sulfate.	Fer sulfaté vert.
	Fer sulfaté rouge.
	Fer sous-sulfaté terreux.
	Fer sous-sulfaté résinite (Eisenpe-cherz).
Phosphate.	Fer phosphaté (de l'Ile de France).
	Fer phosphaté terreux.
Carbonate.	Fer carbonaté.
Arseniate.	Fer arseniaté.
	Cuivre arseniaté ferrifère.
Chromite.	Fer chrômé (23).
Titaniate.	Menacane (24).
	Nigrine.
	Fer titanié (Dichter Magneteisenstein)
Silicate.	Hedenbergite (25).
Hydrate.	Fer oxidé hydraté.
	——limonite.
	Mine de fer terreuse.

Signes chimiques.	Analyses d'après lesquelles les formules ont été calculées.
FeCx	
FeAs²+FeS⁴	Chevreul et Strom., Gilb. Annal. der Ph. XVII. 84.
$\ddot{F}e$	
$\ddot{F}e+2\ddot{F}e$	
$\ddot{F}e\ddot{S}²+14Aq.$	
$\ddot{F}e³\ddot{S}⁴+6\ddot{F}e\ddot{S}²+72Aq.$	Mon anal. Afh., i Fys., III. 29.
$\ddot{F}e²\ddot{S}+6Aq.$	Mon analyse, Ibid. V. 157.
$\ddot{F}e⁴\ddot{S}+12Aq.$	Klaproth, Beytr. V. 221.
$\ddot{F}e²\ddot{P}+12Aq.$	Laugier, Ann. d. Mus. III. 405.
$\ddot{F}e³\ddot{P}²+12Aq.$	Klaproth. Beytr. IV. 122.
$\ddot{F}e\ddot{C}²$	— — — IV. 115.
$\ddot{F}e\ddot{S}i²+4Aq.$ ou $fS³+2Aq.$	Hedenberg, Afh. i Fys. II. 169.
$\ddot{F}e²Aq³$	

Genre chimique.	Noms minéralogiques.	Signes chimiques.
	16. Famille. *Manganèse.*	
Sulfure.	Manganèse sulfurée.	MnS^2
Oxidé.	Manganèse suroxidée.	$\overset{....}{M}n$
Phosphate.	Manganèse phosphatée fer-rifère.	
Tunstate.	Wolfram.	$\overset{..}{M}n\overset{...}{W}{}^2+3\overset{..}{F}e\overset{...}{W}{}^2$
Tantalate.	Tantalite (26).	$\overset{..}{M}n\overset{.}{T}a^2+\overset{..}{F}e\overset{.}{T}a^2$
Silicate.	Manganèse oxidée silici-fère noire.	$\overset{..}{M}n\overset{...}{S}i^2+6Aq.$
	Manganèse oxidée silici-fère rouge.	$\overset{..}{M}n^3\overset{...}{S}i^4$
	Pyrosmalite.	$\overset{..}{M}n^3\overset{...}{S}i^4+\overset{..}{F}e^3\overset{...}{S}i^4$
Hydrate.	Manganèse oxidée hydra-tée (27).	$\overset{...}{M}n\ Aq.$
	17. Famille. *Cerium.*	
Fluate.	Cerium fluaté.	$\overset{..}{C}e\overset{..}{F}e+\overset{..}{C}e^2\overset{..}{F}e^3$
	Cerium sous-fluaté.	$\overset{..}{C}e^2\overset{..}{F}$
Silicate.	Cérite.	$\overset{..}{C}e^3\overset{...}{S}i^2$

2e **Sous-division.** *Métaux qui ne sont point réductibles à l'aide de charbon, et dont les oxides forment des terres et des alkalis.*

1. Famille. *Zirconium.*

Silicate.	Zircone.	

Signes minéralogiques.	Analyses d'après lesquelles les formules sont calculées.
	Mon Anal. ci-après (26 a.).
	Mon analyse, Afh. i Fys. etc. IV. p. 293.
$mgS^3 + 3Aq.$	Klapr., Beytr. I. 139.
mgS^2	Mon anal. Afh. IV. p. 382.
$mgS^2 + fS^2$	Hisinger. Afh. IV. p. 317.
$AqMg^3$	Arfwedson. Afh. VI. p. 222.
	Mon anal. Afh. V. 56.
	Ibid. p. 64.
$ceS.$	Hisinger. Afh. III. 283.
ZrS^r	

14

Genre chimique.	Noms minéralogiques.	Signes chimiques.
	2. Famille. *Aluminium.*	
Oxidé.	Télésie.	$\overset{...}{Al}$
Sulfate.	Alumine sous-sulfatée.	$\overset{...}{Al}\ \overset{..}{S} + 9Aq.$
Phosphate.	Wawellite (28).	$\overset{..}{Al}^4\overset{...}{P}^3 + 12Aq,\ \overset{...}{Al}^2\overset{..}{F}^3 + 36Aq.$
Fluosilicate.	Pycnite.	
	Topaze.	
Silicates a) à base simple.	Collyrite.	
	Pinite.	
	Disthène (29).	
	Népheline.	
	Fahlunite (Triklasit).	
b)à base double	Staurotide.	
	Almandine.	
	Grenat oriental.	
	Hisingrit.	
c)à base triple.	Grenat de Broddbo.	
	Grenat de Finbo.	
Hydrate.	Diaspore (3o).	
Appendice.	Les argiles de toute espèce.	

Signes minéralogiques.	Analyses d'après lesquelles les formules ont été calculées.
A	Strommeijer, Gilb. Ann. der phys., 1816, II. 10.
$AFl + 3AS$ $A^2Fl + 3AS$	Mes analyses, Afh. i Fys. IV. p. 236.
$A^3S + 5Aq.$	Klaproth, Beytr. I. 258.
A^2S	Klaproth, Journ. des mines, 100. p. 311.
AS	Vauquelin, Bull. de la Soc. phil. an V, p. 12.
$AS^2 + Aq.$	Hisinger, Afh. IV. 210.
$f^2S + 6A^2S$	Klaproth, Nouveau Bull. de la Soc. phil. t. I, p. 111.
$fS + AS$	Hisinger, Afh. IV. 320.
$F^2S + 2AS$	Klaproth, système de min. de M. Haüy, éd. allem. II.619.
$AS + fS + 3FS$	Hisinger, Afh. III. 306.
$fS^2 + 2mgS + 2AS$	D'Ohsson, Mem. de l'Acad. de Stockholm, 1817, p. 25.
$fS^2 + mgS + 2AS$	Arrhenius, Afh. VI. 217.

Genre chimique.	Noms minéralogiques.	Signes chimiques.

3. Famille. *Yttrium.*

Fluate.	Fluate d'yttria et de cerium.	$\ddot{Y}\ddot{F},\ddot{C}e\ddot{F}$
Tantalate.	Yttrotantale.	
Silicate.	Gadolinite.	

4. Famille. *Glucium* (*Berillium*).

Silicate.	Émeraude.	
	Euclase.	

5. Famille. *Magnesium.*

Sulfate.	Magnésie sulfatée.	$\ddot{M}g\dddot{S}^2 + 10\,Aq.$
	Alun magnésien.	$\ddot{M}g\dddot{S}^2 + 2\dddot{A}l\dddot{S}^3 + x\,Aq.$
Carbonate.	Magnésie carbonatée.	$\ddot{M}g\ddot{C}^2$
Borate.	Boracite.	$\ddot{M}g\ddot{B}^4$
Silicate. a) à base simple.	Condrodite.	
	Stéatite.	
	Écume de mer.	
	Serpentine noble (32).	
b) à base de fer et de magnésie.	Péridote.	

Signes minéralogiques.	Analyses d'après lesquelles les formules ont été calculées.
$YFl,ceFl$	Mon analyse, Afh. V. 67.
Y^2Ta	— — — IV. p.
YS,ce^2S+f^2S	— — — IV. p. et p.
GS^4+2AS^3	— — — IV. p.
$GS+2AS$	Mon analyse, voyez la note 31.
	Fieinus, Annal. der phys. p. Gilbert, janvier 1818, p. 117.
	Bucholz, Neues Allg. Journ. der Chem. VIII. 662.
	Stromeijer, Gilb. Annal. XVIII. 25.
MS	D'Ohsson, Mém. de l'Acad. de Stockolm, 1817, p. 30.
MS^3	Klaproth, Beytr. II. 179. V. 63.
$MS^3+5Aq.$	— — — II. 175.
$MS^3+MAq.$	Hisinger, Afh. IV. p. Almor. Ibid. VI. 263.
$4MS+S$	Klaproth, Beytr. I. 21.

Genre chimique.	Noms minéralogiques.	Signes chimiques.
c) à base d'alumine et de magnésie.	Diallage.	
	Hypersthène.	
	Pierre de savon.	
	Jade néphritique.	
	Chlorite.	
	Fahlunite dure.	
	Dichroïte (Cordierite, Steinheilite).	
	Lazulite ?	
d) à base triple	Grenat de Syrie.	
Aluminate.	Spinelle.	
	Pléonaste.	
Hydrate.	Magnésie hydratée.	$\overset{..}{M}Aq.^{2}$

6. Famille. Calcium.

Genre chimique.	Noms minéralogiques.	Signes chimiques.
Sulfate.	Gypse anhydre.	$\overset{..}{C}a\overset{...}{S}^{2}$
	Gypse.	$\overset{..}{C}a\overset{...}{S}^{2}+4Aq.$
Fluate.	Chaux fluatée.	$\overset{..}{C}a\overset{.}{F}$
	Yttrocerite.	$\overset{..}{C}a\overset{.}{F},\overset{..}{Y}\overset{.}{F},\overset{..}{C}e^{2}F^{3}$
Carbonate.	Chaux carbonatée.	$\overset{..}{C}a\overset{.}{C}^{2}$
	—— *ferrifère.*	
	—— *manganésifère.*	
	Arragonite (33).	

Signes minéralogiques.	Analyses d'après lesquelles les formules ont été calculées.
$3MS^2 + fS^2$	Klaproth, Beytr. V. 34.
$MS^2 + 3FS^2$	— — — V. 40.
$MS^2 + AS^2 + 2Aq.$	— — — II. 183.
$MS^2 + 2AS$	Hisinger, Afh. IV.
$MS^2 + 2AS + 3FS$	Klaproth, Journ. der chim. und phys. IV. 392.
MA^6	Mon Analyse, Afh. I. 99.
$MAq.$	Mon Analyse, Afh. IV. 163.

Genre chimique.	Noms minéralogiques.	Signes chimiques.
à base double.	Chaux carbonatée magnésifère (34).	$\ddot{C}a\ddot{C}^2 + \ddot{M}g\ddot{C}^2$
	——de Gurhof ?	$3\ddot{C}a\ddot{C}^2 + \ddot{M}g\ddot{C}^2$
	——de Frankenhain ?	$\ddot{C}a\ddot{C}^2 + 3\ddot{M}g\ddot{C}^2$
Borosilicate.	Botryolite.	$\ddot{C}a\ddot{B}^2 + \ddot{C}a\dddot{S}i^2 + Aq.$
	Datholite.	$\ddot{C}a\ddot{B}^4 + \ddot{C}a\dddot{S}i^2 + Aq.$
Arseniate.	Chaux arseniatée.	$\ddot{C}a\dddot{A}s + 6Aq.$
Tunstate.	Scheelin calcaire.	$\ddot{C}a\dddot{W}^2$
Uranate.	Uranite (35).	$\ddot{C}a\dddot{U}^2 + 12Aq.$
Silicio-titaniate	Sphène.	
Silicates a) à base simple.	Spath en table.	
	Pierre calcaire d'Edelforss.	
b) à base de chaux et de magnésie.	Amphibole (36).	
	Pyroxène.	
	Asbest.	
à base de chaux et d'alumine.	Épidote (Zoïsite).	
	Parenthine vitreux.	
	Prehnite.	
	Zeolite de Borkhult.	
	Scolezite.	

Signes minéralogiques.	Analyses d'après lesquelles les formules ont été calculées.
	Klaproth, Beytr. I. 134. III. 296.
$CU^3+6Aq.5$	Klaproth, Beytr. V. 125.
	— — — IV. 359.
	— — — III. 287.
	— — — III. 281. Mon Analyse, Afh. IV. 293.
CS^2	Klaproth, Beytr. III. 291.
CS^3	Hisinger, Afh. I. 188.
CS^3+2MS^2	— — — IV. p. 374.
CS^2+MS^2	— — — III. 300. Laugier, Ann. de chim. LXXXI. 76.
$CS+2AS$	Bucholz, Journ. der Chem. und Phys. I. 201.
$CS+3AS$	Laugier, Journ. de Phys. LXVIII. 36.
$3CS+9AS+Aq.$	Klaproth.
CS^2+3AS	Hisinger, Afh. III. 309.
$CS^3+3AS+Aq.$	Gehlen et Fuchs. Schweigers, Jour. d. Ch. XVIII. 1.

Genre chimique.	Noms minéralogiques.	Signes chimiques.
	Stilbite farineux.	
	Chabasie.	
	Stilbite.	
	Laumonite.	
	Dipyre.	
	Cymophane.	
s) à base de chaux et des oxides de fer.	Lievrit (Yenit).	
	Grenat noir de Swap-pavara.	
	Grenat de Thüringue.	
e) à base triple, ainsi qu'à base double, mais probablement mélangés avec d'autres silicates.	Mélanite.	
	Aplome.	
	Grenat de Dannemora.	
	Grossulaire.	
	Idocrase.	
	Essonite.	
	Axinite.	
	Rothoffite (Grenat de Longbanshyttan).	

Signes minéralogiques.	Analyses d'après lesquelles les formules ont été calculées.
$CS^3 + 3AS^2 + 3Aq.$	Hisinger, Afh. VI. 179.
$CS^3 + 3AS^2 + 6Aq.$	Mon analyse, Afh. VI. 193.
$CS^3 + 3AS^3 + 6Aq.$	Hisinger, Afh. IV. 357.
$CS^2 + 4AS^2 + 6Aq.$	Vogel, Journ. de Ph. 1810. 64.
$CS^3 + 4AS^2 + Aq.$	Vauquelin, Tab. comparat. de M. Haüy, 205.
$C^4S + 18A^4S?$	Klaproth, Beytr. I. 102.
$CS + 4fS$	Vauquelin, Journ. des mines, n° 115. p. 70.
$fS + 3FS + 3CS$	Hisinger, Afh. II. 157.
$CS + FS$	Bucholz, voyez p. 67.
$2fS + AS + 3CS$	Klaproth, Beytr. V. 170.
$CS^2 + FS + 2AS$	Laugier, voyez p. 33.
$CS + fS + mgS + 2AS$	Murray, Afh. II. 188.
$fS + AS + 3CS$	Klaproth, Beytr. IV. 323.
$FS + 5AS + 6CS$	— — — II. 32.
$FS + 4CS + 5AS$	— — — II. 32. V. 142.
$CS^2 + FS^2 + 5AS^2$	— — — II. 126.
$mgS + 3fS + 4CS^2$	Rothoff, Afh. III. 329

Genre chimique.	Noms minéralogiques.	Signes chimiques.
	Colophonite.	
	Allochroïte.	
	Pyrope.	
	Tourmaline de Bresil (37).	
	Gehlenite.	
	Byssolite.	
	Antophyllite.	
	Allanite.	
	Cerine.	
	Orthite.	
	Pyrorthite (38).	

7. Famille. *Strontium.*

Sulfate.	Strontiane sulfatée.	$\ddot{S}r\ \overset{...}{S}^2$
Carbonate.	Strontiane carbonatée.	$\ddot{S}r\ \ddot{C}^2$

8. Famille. *Barium.*

Sulfate.	Baryte sulfatée.	$\ddot{B}a\ \overset{...}{S}^2$
Carbonate.	Baryte carbonatée.	$\ddot{B}a\ \ddot{C}^2$
Silicate.	Harmotome.	

Signes minéralogiques.	Analyses d'après lesquelles les formules ont été calculées.
$mgS + 2fS + MS + 3AS + 4CS$	Simon, Journ. der Chem. und Phys. IV. 405.
$mgS + fS + 3FS + AS + 6CS$	Rose. Karst. Tab. 33.
$CS + 4MS + 6FS + 15AS$	Klaproth, Beytr. II. 21.
$CS + 2fS + 18AS$	Vauquelin, Annal. de Chim. 28. 105.
$CS^2 + MS^2 + mgS^2 + fS^2$	Vauquelin, Journ. des min. p. Haüy, IV. 334.
$FS + 2CS + 4AS$	Laugier, Ann. du Mus. V. 149.
$CS + 2AS, (ceS + fS)$	Hisinger, Afh. IV. 327.
$CS + 3AS + Aq., (ceS + fS)$	Mon Analyse, Afh. V. 39.
$CS + 3AS + Aq., Charbon, YS, ceS, fS, mgS$	— — — V. 49.
$BS^4 + 4AS^2 + 7Aq.$	Klaproth, Beytr. II. 83.

Genre chimique.	Noms minéralogiques.	Signes chimiques.
	9. Famille. *Lithium.*	
Silicate.	Triphane.	
	Pétalite.	
	Tourmaline d'Uto?	
	10. Famille. *Sodium (Natrium).*	
Sulfate.	Soude sulfatée.	$\ddot{N}\ddot{S}^2 + 20\,Aq.$
	Glaubérite.	$\ddot{N}\ddot{S}^2 + \ddot{C}a\ddot{S}^2$
Muriate.	Soude muriatée.	$\ddot{N}a\,\ddot{M}^2$
Borate.	Soude boratée.	$?\ddot{N}a\ddot{B}^8 + 22\,Aq.$
Fluate.	Chryolite.	$3\ddot{N}a\ddot{F} + \ddot{Al}^2\ddot{F}^3$
Silicate.	Sodalite de Groenland.	
	Sodalite de Vésuve?	
	Lapis Lazuli.	
	Mesotype.	
	Mesolite?	
	Albite.	
	Analcime.	
	Sarcolite?	
	Ekebergite (Natrolite de Hesselkulla).	
	Wernerite (Parenthine nacré).	

Signes minéralogiques.	Analyses d'après lesquelles les formules ont été calculées.
$LS^3 + 3AS^2$	Arfwedson, Afh. VI. 161.
$LS^6 + 3AS^3$	— — — 166.
$LS + 9AS?$	— — — 120.
	Broignart, Journ. d. min. T. 33. p. 17.
	Klaproth, Beytr. IV. 353.
$NFl + AFl$	
$NS + 2AS$	Thomson, Journ. des mines, n° 176.
$NS^2 + 2AS$	Borkowski, Thoms. Annal. 1817. 190.
$NS + 3AS$	Clément et Désormes.
$NS^3 + 3AS + 2Aq.$	Klaproth, Beytr. V. 49.
$NS^3 + 2CS^3 + 9AS + 2Aq.$	Gehlen et Fuchs. Schw. J. d. Chem. XVIII. 22.
$NS^3 + 3AS^3$	Eggertz, Afh. V. 26.
$NS^3 + 3AS^3 + 3Aq?$	Vauq. Ann. d. Mus. IX. 249
$NS^3 + CS^3 + 9AS^2 + 16Aq.$	— — —IX. 248. XI. 47.
$NS^2 + 3CS^2 + 9AS$	Ekeberg, Afh. II. 144.
$NS^2 + 3MS^2 + 4CS^2 + 6AS^2$	Simon, Journ. für. d. Ch. und Ph. IV. 413.

Genre chimique.	Noms minéralogiques.	Signes chimiques.
	Tourmaline apyre.	
	Sanssurite (feldspath tenace).	
	Labrador.	

11. Famille. Potassium (Kalium).

Genre chimique.	Noms minéralogiques.	Signes chimiques.
Sulfate.	Alun.	$\ddot{K}S^2 + 2\ddot{A}l\dddot{S}^3 + 42Aq.$
	Pierre d'alun.	$\ddot{K}^3\ddot{S}^2 + 30\dddot{A}l\dddot{S} + 18Aq$
Nitrate.	Salpêtre.	$\ddot{K}\,\dddot{N}^2$
Silicates a) à base double.	Amphigène.	
	Meyonite.	
	Feldspath.	
	Eléolithe?	
	Lépidolithe.	
	Apophyllite.	
7) à base triple	Mica argentin (39).	
	Mica transparent.	
	Mica noir (de Zinnwald).	
	Talc (40).	
	Talc zographique.	
	Schorl (tourmaline ordinaire).	
	Agalmatolithe ?	

Signes minéralogiques.	Analyses d'après lesquelles les formules ont été calculées.
$NS + 9AS?$	Klaproth, Beytr. V. 90.
$NS^2 + CS^2 + MS^2 + 9AS$	Klaproth, Gilberts Ann. der Phys. XVIII. 225.
$NS^2 + fS^3 + 3CS^3 + 9AS$	Klaproth, *ibid.*
$KSu + 15ASu + 3Aq.$	Cordier, Annal. de Ch. et de Phys. IX. 76.
$KS^2 + 3AS^2$	Arfwedson, Afh. VI. 159.
$KS^3 + 3AS^2$	— — — VI. 255.
$KS^3 + 3AS^3$	Comparez , pag. 89.
$KS^3 + 4AS^3$	Klaproth, Beytr. V. 173.
$KS^3 + 6AS^3 + Aq.$	Hisinger, Afh. III. 398.
$KS^6 + 8CS^3 + 16Aq.$	Mon Analyse , Afh. VI. 187.
$KS^3 + 2fS + 4AS$	Klaproth, Beytr. V. 69.
$KS^3 + fS + 12AS$	— — — V. 701.
$KS^3 + fS + 2MS + 3AS$	— — — V. 78.
$?KS^6 + 3fS^2 + 3Aq.$	Klaproth, Beytr. IV. 241.
$KS + fS + 5AS$	— — — V. 148.

SECONDE CLASSE.

Elle renferme les corps composés d'après le principe de la composition organique, c'est-à-dire, dans lesquelles les molécules composées du premier ordre contiennent plus de deux éléments.

1ᵉʳ GENRE. *Corps provenant d'une décomposition plus ou moins lente de substances organiques.*

Humus.
Tourbe.
Lignite (Braunkohle).

2ᵉ GENRE. *Corps résineux.*

Ambre.
Rétin-asphalte.
Bitume élastique.

3ᵉ GENRE. *Substances liquides.*

Naphte.
Ptéroléum.

4ᵉ GENRE. *Substances bitumineuses.*

Bitume mou.
Asphalte.

5ᵉ GENRE. *Substances charbonnées.*

Anthracite.
Houille, ou charbon de terre.

6ᵉ GENRE. *Des sels.*

Sulfate d'ammoniaque (41).
Muriate d'ammoniaque.
Mellate d'alumine (Mellilithe).

Avant de quitter ce sujet, je dois ajouter qu'au

lieu de ranger, ainsi que je l'ai fait, les espèces de la première classe d'après leur principe électro-positif, on peut la ranger d'une manière tout aussi conforme à la science, d'après leur principe électro-négatif.

La plupart des corps composés contenant un plus grand nombre d'atomes du principe électro-négatif, qu'ils n'en contiennent du principe électro- positif, il arrive quelquefois que le premier a plus d'influence que le second sur les caractères des combinaisons où il entre ; par exemple les sulfures métalliques forment un groupe naturel dont les caractères physiques sont faciles à saisir. S'il en était de même pour toutes les combinaisons, nul doute que le minéralogiste dût préférer le second arrangement au premier ; mais si l'on compare les différents sels d'une même base avec les différents sels d'un même acide , on trouvera beaucoup plus d'analogie entre la première qu'entre la seconde ; ainsi les sels de cuivre présentent un plus grand nombre de caractères communs que les diverses espèces de sulfates. Ce sont ces dernières considérations qui m'ont fait donner la préférence aux groupes qui ont le principe électro-positif commun.

Un arrangement systématique , d'après les éléments électro-négatifs, serait à-peu-près comme il suit :

Premier ordre. CORPS NON OXIDÉS.

1 groupe. Corps simples, c'est-à-dire à l'état
         isolé.
2 — Des sulfures.
3 — Des arseniures.
4 — Des séléniures.
5 — Des stibiures ou antimoniures.
6 — Des tellures.
7 — Des carbures.
8 — Des osmiures.
9 — Des aurures.
10 — Des hydrargures.

Second ordre. CORPS OXIDÉS.

1 groupe. Des oxides à l'état non combiné.
         a. Des acides
         b. Des oxides salifiables et leurs su-
         peroxides.
2 — Des sulfates.
3 — Des nitrates.
4 — Des muriates.
         Des murio-carbonates.
5 — Des phosphates.
6 — Des fluates.
         Des fluosilicates.
7 — Des borates.

Des borosilicates.
8 groupe. Des carbonates.
Des hydro-carbonates.
9 — Des arséniates.
10 — Des molybdates.
11 — Des chromates.
12 — Des tungstates.
13 — Des tantalates.
14 — Des titaniates.
15 — Des silicates.
Des silicio-titaniates.
16 — Des aluminates.
17 — Des hydrates.

Pour former chaque groupe, on n'a qu'à prendre dans chaque famille de l'arrangement précédent les genres chimiques qui y correspondent, et les laisser à la suite l'un de l'autre dans l'ordre des familles de ce système.

NOTES.

—

(1) *Arsenic sulfuré, jaune et rouge.*

M. Haüy ayant examiné avec attention les sul-fures d'arsenic natifs, crut que leur forme cris-talline pouvait être réduite au même noyau pri-mitif, et il en conclut que la même substance imprimait sa forme à tous les deux. M. Laugier chercha ensuite à confirmer cette opinion par l'expérience suivante. Il exposa les deux sulfures à l'action de la chaleur dans des cornues. Il se sublima de l'acide arsenieux, et il resta un sul-fure d'arsenic dont la composition était cons-tante. Il parut en résulter que le sulfure d'arse-nic était le même, mais qu'il contenait des quan-tités différentes d'acide arsenieux, auxquelles il devait la différence de ses caractères extérieurs. Quelque temps après, je fus engagé dans une sé-rie d'expériences sur la quantité d'oxigène ab-sorbée par divers métaux, et entre autres par l'arsenic, et j'en eus un résultat qui s'accordait si bien avec l'analyse du sulfure d'arsenic de M. Laugier, que je considérai cet accord comme une preuve de l'exactitude de mes expériences. Ce-pendant d'autres circonstances, et sur-tout une analogie que je commençai à soupçonner entre l'acide arsenique et l'acide phosphorique, m'engagèrent à reprendre ces expériences, et je trouvai alors en effet, que j'avais été trompé par une expérience dont j'avais négligé de faire la répétition, parce qu'elle s'accordait avec le résultat prévu par la théorie. Le résultat de ces nouvelles expériences fut que les deux acides de l'arsenic sont dans la même catégorie que ceux du phosphore, c'est-à-dire que l'oxigène de l'acide en *eux* est à celui de l'acide en *ique* comme 3 : 5. En comparant ensuite ce résultat avec celui de l'analyse précitée du sulfure d'arsenic, je trouvai qu'ils n'étaient plus d'accord, et cela m'engagea à répéter les expériences de M. Laugier. Comme, dans une expérience préliminaire, j'avais observé que le sulfure d'arsenic s'oxide facilement en dégageant du gaz acide sulfureux qui détermine la sublimation de l'acide arsenieux, lequel se condense dans les parties froides de l'appareil, je crus devoir éviter l'influence de l'air atmosphérique : en conséquence, je mis de l'arsenic sulfuré jaune dans une petite cornue, que je vidai d'air, et qu'ensuite je fermai hermétiquement. Le sulfure ayant été chauffé se fondit, et resta long-temps liquide avant de se volatiliser. Aucune trace d'acide arsenieux n'apparut dans le col de la cornue ; il entra enfin en ébullition, et distilla sans résidu et sans décomposition sensible. La masse distillée était transparente et orangée. Le sulfure rouge donna les mêmes phénomènes, mais la couleur de la partie distillée était d'un rouge brillant et foncé. Je me suis ensuite assuré que le précipité, formé dans une solution d'acide arsenieux par le gaz hydrogène sulfuré, a toutes les propriétés du sulfure d'arsenic jaune, et que si ce sulfure est redistillé avec de l'arsenic métallique ou avec de l'acide arsenieux, il en résulte un sulfure d'arsenic au minimum, qui a toutes les propriétés du sulfure d'arsenic rouge. Le précipité par le gaz hydrogène contient, d'après mes expériences, 39 p. 100 de soufre; le sulfure d'arsenic jaune en contient, d'après M. Laugier, 38.14, et d'après M. Klaproth, 38, différence qui est due à un mélange de sulfure d'arsenic rouge, accidentellement interposé, et souvent d'une manière visible entre les lames du sulfure jaune. Dans le sulfure rouge, M. Laugier a trouvé 30.43 p. 100 de soufre, et M. Klaproth 30.5. Le sulfure d'arsenic au minimum, dans lequel le métal est combiné avec deux tiers autant de soufre que dans le sulfure jaune, contient 30.02 p. 100 de soufre. Il est vraisemblable que cette différence est due à un mélange de sulfure jaune avec le sulfure rouge. On peut donc admettre avec quelque confiance, que les deux sulfures d'arsenic sont des différents degrés de sulfuration de ce métal, et qu'ils ne doivent point être considérés comme la même substance chimique, quelle que soit d'ailleurs l'analogie de la forme primitive de leurs cristaux. La composition du sulfure rouge se laisse représenter par AsS^2, et celle du sulfure jaune par AsS^3.

La grande exactitude qui caractérise tout ce qui sort des mains de M. Laugier, m'engagea à chercher ce que pouvait être le sulfure d'arsenic produit dans ses expériences. Il est clair que sa composition comme sulfure simple, est contraire aux proportions chimiques; je croyais donc devoir le regarder comme composé de deux différents degrés de sulfuration, ainsi que cela a lieu pour les sulfures de fer, comme nous le verrons ci-après; mais, voulant produire un degré de sulfuration plus haut, je trouvai que le sulfure d'arsenic se laisse combiner avec du soufre dans presque toutes les proportions, et que ces mélanges peuvent être concentrés par la distillation, jusqu'à ce que le résidu soit du sulfure au minimum, lequel se sublime le dernier. Si l'on veut considérer le sulfure de M. Laugier comme une combinaison du sulfure au minimum, avec celui que l'on obtient en précipitant une dissolution d'acide arsenique par le gaz hydrogène sulfuré, dans une telle proportion que le dernier contienne deux fois autant de soufre que le premier (c'est-à-dire de $4\,AsS^5 + 5\,AS^2$), 100 parties du métal doivent être combinées avec 71.26 parties de soufre. M. Laugier en trouva de 71.3 à 71.86.

(2) *Oxide vert de chrôme.*

L'analyse de cette substance, par M. Drappier, donne lieu aux questions suivantes : Doit-on considérer ce minéral comme un mélange de l'oxide de chrôme avec de la silice ou de l'argile? ou est-il un silicate de chrôme mêlé d'argile ? ou bien est-il un silicate double d'alumine et d'oxide de chrôme ?

(3) *Acide molybdique.*

C'est la poudre jaune que l'on trouve quelquefois sur le sulfure de molybdène. Cette poudre n'est cependant point l'acide pur ; elle contient de l'oxide de fer. On doit l'examiner pour savoir si ce n'est point un molybdate de fer avec excès d'acide.

(4) *Antimoine sulfuré rouge.*

La formule donnée est plutôt un résultat de calcul que de l'expérience. L'analyse de M. Kla-

proth (Beytr. III, 182) ne paraît pas être bien
exacte, puisqu'elle indique moins d'antimoine
que dans le sulfure de ce métal, ce qui ne peut
point avoir lieu, si cette combinaison contient de
l'oxide d'antimoine. Il est aussi fort peu probable que la même portion du métal serait combinée à-la-fois avec l'oxigène et avec le soufre,
et même sous ce rapport le résultat de l'analyse
ne s'accorde point avec le calcul. Cette combinaison mérite un nouvel examen.

(5) *Les oxides d'antimoine.*

L'oxide cristallisé se fond au chalumeau; c'est
par conséquent celui qui fait la base des sels
d'antimoine. L'acide antimonieux se forme quelquefois aux dépens du sulfure; je ne l'ai point
vu cristallisé; il est presque toujours combiné
avec quelque base salifiable, telle que l'oxide de
fer ou de plomb, suivant que le sulfure d'antimoine a été mêlé avec du sulfure de fer ou de
plomb. On n'a point encore examiné si l'acide
antimonique se trouve aussi dans ces épigénies.

(6) *Anatas et Ruthile.*

M. Haüy a trouvé que la forme primitive de
ces deux oxides de titane est entièrement différente. Hausmann et Weiss ont cru que leur

forme cristalline se laisserait réduire à un même type primitif. M. Vauquelin a trouvé que l'anatase ne contient rien autre chose que de l'oxide de titane. Quelle peut donc être la différence entre ces deux espèces? Les expériences au chalumeau prouvent que le titane a deux degrés d'oxidation, dont l'un, dans la flamme extérieure, donne un verre jaune avec les flux, et l'autre, dans la flamme intérieure, donne un verre d'un pourpre bleuâtre très-pur. On peut donc conjecturer que l'anatase est ce dernier degré d'oxidation inférieur, puisqu'on le voit quelquefois translucide et d'un beau bleu. D'un autre côté, j'ai trouvé que le ruthile contient toujours de l'oxidule de fer et de manganèse. Il y a donc encore la conjecture que l'anatase peut être l'oxide pur, et le ruthile un sur-titaniate de fer et de manganèse. Ces conjectures méritent d'être examinées par l'expérience.

(7) *Opale.*

Plusieurs minéralogistes pensent que l'opale est une combinaison de silice et d'eau. J'ai fait de nombreuses expériences pour obtenir une combinaison chimique de silice et d'eau; mais toutes m'ont paru prouver, d'une manière bien décisive, que les deux substances ne se laissent point combiner. La silice gélatineuse perd son eau quelquefois sans perdre sa translucidité, et la quantité d'eau retenue par cette terre, varie toujours d'après la température employée pour la sécher, et d'après l'état hygrométrique de l'air. La silice chauffée au rouge, agit comme une substance hygrométrique, et condense de nouveau beaucoup d'eau dans ses pores, comme toutes les substances poreuses. Le même cas paraît avoir lieu avec le quartz nectique et l'opale; l'eau qu'ils contiennent semble y être dans l'état où elle se trouve dans le charbon de bois, exposé quelque temps à l'humidité de l'air. L'on sait, d'après les belles expériences de M. Th. de Saussure, que les substances poreuses compriment dans leurs pores les gaz au contact desquels elles sont exposées, et le gaz aqueux comprimé perd son élasticité et devient liquide. Il faut bien distinguer dans les minéraux l'eau hygrométrique absorbée et retenue par la porosité, et celle chimiquement combinée, d'autant plus que la même substance peut contenir l'eau dans ces deux états. L'eau hygrométrique se laisse enlever lorsqu'on expose la substance pulvérisée à une température qui n'excède point $+$ 100, tandis que l'eau combinée demande une plus forte chaleur pour être chassée de la plupart des minéraux qui en contiennent.

(8) *Mercure sulfuré bituminifère.*

Un chimiste allemand, qui se distingue par l'extrême légèreté avec laquelle il applique les proportions chimiques, tantôt à des analyses très-inexactes, tantôt à des mélanges évidemment mécaniques, a cru prouver que cette substance était un carbo-sulfure de mercure, et son analyse confirme cette opinion d'une manière admirable. Cependant, comme ce cinabre renferme souvent des coquilles et des restes fossiles organiques, il est bien clair que sa qualité bitumineuse est de la même nature que celle d'autres substances minérales qui renferment des débris d'une ancienne organisation. Au reste, il n'a point réussi jusqu'ici à produire une combinaison de sulfure de carbone avec le mercure métallique, ni avec un autre métal non oxidé, pas même avec le potassium.

(9) *Tellure natif auro-plombifère.*

Ce minéral peut être un mélange. Ce qu'il y a de plus probable, c'est qu'il contient $Au\,Te^3 +$ $4\,Pb\,Te^2$ mélangés de galène ou $Pb\,S^2$. A cette occasion on peut faire cette question : Deux corps électro-positifs peuvent-ils se combiner avec deux corps électro-négatifs, de manière à ne faire qu'une seule combinaison chimique ? On peut répondre que les hydro-sulfures alcalins sont de telles combinaisons; mais il s'agit ici des combinaisons où l'oxigène n'entre pas. Pour le moment, je ne connais aucune circonstance qui donnerait lieu à une réponse affirmative.

(10) *Plomb muriaté.*

L'on sait que ce sel contient à-la-fois de l'acide muriatique et de l'acide carbonique unis à l'oxide de plomb. L'analyse de M. Klaproth a donné pour résultat 85.5 p. d'oxide de plomb, 8.5 p. d'acide muriatique, et 6 p. d'acide carbonique; cependant ces nombres ne sont point exacts. 100 p. de ce minéral ont produit dans ses expériences 55 p. de muriate d'argent, dont l'acide muriatique n'est point 8.5, mais bien 10.48. Une telle quantité d'acide muriatique neutralise précisément la moitié de l'oxide de plomb trouvée, et l'autre moitié contient une quantité d'oxigène exactement égale à l'oxigène de l'acide carbonique, lorsqu'on considère comme acide carbonique ce qui reste après la soustraction de l'oxide de plomb et de l'acide muriatique. Dans ce cas, le muriate de plomb en question serait $\ddot{P}b\ddot{M}^2 + \ddot{P}b\ddot{C}$, et la composition pour cent devrait être :

Oxide de plomb . 85.50.
Acide muriatique 10.48.
Acide carbonique 4.12

Cependant j'ai des doutes sur l'exactitude de ce résultat. L'oxide de plomb ne se combine point d'ailleurs dans une telle proportion avec l'acide carbonique, et les acides muriatique et carbonique ne se combinent pas non plus dans le rapport de $\ddot{C}\ddot{M}^2$, mais bien dans celui de $\ddot{C}\ddot{M}$.

M. Klaproth dans son analyse, sépara l'oxide d'argent ajouté en excès, moyennant de l'acide muriatique, et ensuite il précipita l'oxide de plomb par de la potasse caustique. Cette expérience a dû le tromper; car l'on sait que les alcalis caustiques ne peuvent point décomposer le sous-muriate de plomb, et que par conséquent, ce que M. Klaproth a considéré comme de l'oxide pur, n'a été en effet que le sous-muriate en maximum (Turner's Yellow). En supposant que le murio-carbonate de plomb soit composé de $\ddot{P}b\ddot{M}^2 + \ddot{P}b\ddot{C}^2$, c'est-à-dire que le rapport des deux acides entre eux, aussi-bien que celui de l'acide carbonique à l'oxide de plomb, soient les mêmes que nous connaissons d'ailleurs, il aura la composition suivante :

$$
\begin{array}{ll}
\text{Oxide de plomb .} & 81.86. \\
\text{Acide muriatique} & 10.06. \\
\text{Acide carbonique} & 8.08.
\end{array}
$$

L'on voit donc que dans l'analyse de M. Klaproth, l'oxide de plomb et l'acide carbonique peuvent fort bien être inexacts de la quantité qui changerait la composition d'après la première formule, en celle d'après la seconde. Le minéral en question est malheureusement trop rare, pour qu'on puisse espérer qu'un minéralogiste voulût en sacrifier une quantité suffisante pour une analyse. Pour remédier au défaut de la combinaison naturelle, j'ai tâché de la produire en faisant digérer du carbonate de plomb avec des dissolutions de muriate de plomb, aussi long-temps que le carbonate eut le pouvoir de priver l'eau du muriate dissous. J'obtins une combinaison du muriate avec le carbonate, qui était extrêmement fusible et qui se liquéfia avant de perdre son acide carbonique. En l'exposant à l'action du feu, elle se décomposa et laissa un mélange de sous-muriate et de muriate de plomb, et perdit 7.75 p. 100 de son poids de gaz acide carbonique. Il n'est cependant point permis de décider que le sel double artificiel est la même substance que la combinaison de la nature.

(11) *Cuivre sulfuré argentifère.*

Cette combinaison, dont M. de Bournon a fait mention dans le catalogue de la collection de minéraux du roi (Paris 1817, pag. 212), a été décrite pour la première fois par MM. Hausmann et Stromeijer dans les Annalen der Physick de M. Gilbert, à Leipzig, oct. 1816. Leur analyse coïncide parfaitement avec la formule donnée dans le texte, et où l'on verra parmi les séléniures dans la famille du cuivre, que le sélénium forme, avec ces deux métaux, une combinaison que l'on trouve dans la nature et qui est analogue à celle-ci.

(12) *Cuivre gris.*

J'ai, dans les pages précédentes (p. 58), parlé du cuivre gris, en tàchant de le considérer comme une combinaison chimique; nous allons maintenant examiner cette idée avec plus d'attention. M. Haüy, en étudiant la forme cristalline du cuivre gris, a trouvé qu'elle se laisse réduire au tétraèdre régulier, qui fait aussi le noyau des cristaux de cuivre pyriteux. Pour décider cette question il faut d'abord commencer par déterminer ce que c'est que le cuivre pyriteux. En parcourant les analyses que l'on en a faites, on trouve des variations qui semblent indiquer que sa composition est sujette à varier. Le résultat général que l'on peut en tirer, c'est que le cuivre pyriteux est composé de sulfure de cuivre au minimum (CuS), et de sulfure de fer également au minimum (FeS^2). Il est probable que ces deux corps peuvent se combiner en différentes proportions, et qu'il n'y en a qu'une seule d'entre elles qui ait la propriété de cristalliser, ou du moins dont nous connaissons jusqu'à présent la forme cristalline. J'ai cité, dans le texte, l'analyse du cuivre pyriteux de Rudolstadt, qui est $Fe\,S^2 + {}^2Cu\,S$; mais nous avons une analyse, de M. Hisinger, d'un cuivre pyriteux de Westanforss, en Suède (Afhandl., IV, p.359), qui est composé de $Fe\,S^2 + 4\,Cu\,S$, c'est-à-dire dans lequel la quantité du sulfure de cuivre, comparée à celle du sulfure de fer, est quatre fois plus grande ; et enfin l'analyse du cuivre pyriteux de Hitterdal, en Norwége, par M. Klaproth, et dont j'ai déjà fait mention pag. 55, donne $Fe\,S^2 + 8\,Cu\,S$. Il paraît être bien évident que si les atomes additionnels de $Cu\,S$, dans ce dernier cas, n'y étaient que mêlés mécaniquement, leur couleur noire devrait exercer une influence visible sur celle du cuivre pyriteux, dont le jaune en devrait être presque entièrement caché. Il paraît donc fort probable qu'il y a plusieurs espèces de cuivre pyriteux, composées d'un différent nombre de chaque sulfure simple.

En examinant maintenant les causes qui ont pu changer la couleur du cuivre gris, sans en changer la forme primitive, nous y trouvons toujours quelque substance qui, dans son état isolé, possède la couleur du cuivre gris. Dans la variété appelée, par les minéralogistes allemands, Bley-fahlerz, on trouve Fe S^2 + Cu S, mêlé d'antimoniure de plomb (Pb Sb), dont la couleur noire a fait disparaître celle du cuivre pyriteux (comp. l'analyse de Klaproth, Beytr., II, 257). Dans le cuivre gris arsenifère, Kupferfahlerz des allemands, les analyses de M. Klaproth ont démontré du cuivre, du fer, du soufre et de l'arsenic ; mais dans des proportions qui varient beaucoup, quoique la forme cristalline soit la même. On peut donc conjecturer qu'il n'est qu'un cuivre pyriteux mêlé d'arseniure de fer, ou, ce qui serait plus probable, d'après les résultats des analyses, d'un arseniure de cuivre qui, dans différentes mines, est d'un différent degré de saturation avec l'arsenic ; par exemple, dans la mine Jonas à Freyberg, il paraît contenir Cu As, et dans la mine Jungen hohen Birke, Cu^2 As.

Pour ce que les allemands appellent Schwartzgültgerz et Graugültgerz, il est bien clair, d'après les nombreuses analyses faites par M. Klaproth, qu'ils ne sont souvent que des mélanges d'un grand nombre de sulfures, si variés quant à leurs proportions mutuelles, que toute idée d'une combinaison chimique s'évanouit. Lorsque ces sulfures sont ceux de cuivre, de fer et d'antimoine, leur couleur est moins foncée, et on les appelle Graugütfigerz; mais s'ils contiennent encore du sulfure d'argent, leur couleur est noirâtre, et on les appelle Schwartzgultigerz. La forme cristalline de ces minéraux, lorsqu'ils en ont, est toujours le tétraèdre régulier, et comme aucune des autres combinaisons n'a une telle forme primitive, excepté le sulfure double de cuivre et de fer, il est probable, dans l'état actuel de nos connaissances, que la forme cristalline lui doit être attribuée. On peut donc considérer ces différents Fahlerze des allemands comme des mélanges de cuivre pyriteux, avec de l'antimoniure de plomb (Bleyfahlerz), avec l'arseniure de cuivre (Kupferfahlerz), avec du sulfure d'antimoine (Graugültigerz), avec du sulfure d'argent (Schwartzgültigerz), et il y en a même de ces mélanges qui contiennent des sulfures de plomb, de zinc et de mercure.

(13) *Cuivre sélénié, eukairite.*

J'ai nommé ainsi deux minéraux qui contiennent du sélénium et qui ont été trouvés dans une mine de cuivre à Skrickerum dans la Smolandie, en Suède. Le premier est un séléniure simple de cuivre, et l'autre un séléniure double de cuivre et d'argent; j'en ai donné la description et l'analyse dans les Afhandlingari Fysik, etc., t. VI, p. 134.

et dont une traduction française se trouve dans les Annales de chimie et de physique, cahier de décembre 1818. M. Haüy m'a communiqué, pour être examinée, une mine de tellure de Norwége ; j'y ai trouvé du sélénium et du tellure ensemble, combinés avec un métal qui m'a présenté tous les caractères du bismuth. J'ai cru devoir en parler ici pour indiquer aux minéralogistes que le sélénium et le tellure peuvent se trouver ensemble ; et comme l'or graphique, qui contient une grande quantité de tellure, ne produit au chalumeau aucune trace de l'odeur de rave, qui caractérise si bien le sélénium, il se laisse présumer que cette odeur est une preuve décisive de la présence du sélénium.

(14) *Cuivre phosphaté.*

L'analyse de M. Klaproth n'indique pas que l'eau entre dans la composition de ce phosphate, cependant il en contient une quantité assez considérable ; lorsqu'il la perd, sa couleur verte s'évanouit en devenant noire. Il éprouve souvent le même changement sans l'influence de la chaleur, par une espèce d'efflorescence. Le sous-phosphate de cuivre a cette propriété de commun avec le sous-sulfate de cuivre, qui se noircit aussi lentement lorsqu'on l'expose à l'air. Cette circonstance jette du doute sur l'exactitude de l'analyse de Klaproth ; elle mérite bien d'être répétée ; d'ailleurs sa composition est conforme avec celle du sous-phosphate d'alumine et du sous-phosphate double de fer et de manganèse, dans lesquels l'acide est combiné avec deux fois autant de base que dans le sel neutre.

(15) *Cuivre carbonaté bleu et vert.*

Les caractères extérieurs de ces deux carbonates de cuivre sont si différents, que les minéralogistes n'ont point balancé à les considérer comme deux différentes espèces, même la chimie a justifié cette opinion en prouvant qu'ils contiennent de l'oxide de cuivre combiné avec différentes proportions d'acide carbonique. Voici les résultats des analyses

		Klaproth.	Vauquelin.
du carbonate vert	oxide de cuivre	71.7	70.10.
	acide carbonique	20.5	21.25.
	eau	7.8	8.66.
du carbonate cuivre	oxide de cuivre	70.	68.5.
	acide carbonique	24.	25.o.
	eau	6.	6.5.

L'art produit sans difficulté le carbonate vert. Dans une analyse que j'en ai faite, je l'ai trouvé composé de 71.7 p. d'oxide de cuivre ; de 19.73 p. d'acide carbonique, et de 8.57 p. d'eau ; mais je n'ai pu produire le carbonate bleu. En examinant ce qu'avait déjà fait Pelletier sur ce sujet, j'ai trouvé que toutes ses préparations n'ont été que l'hydrate de cuivre, combiné avec d'autres substances, en général alcalines, qui l'ont empêché de se décomposer aussi vite que quand il est isolé. Dans mes expériences, je trouvai que l'alumine, la silice, la colle forte, l'albumine, etc., précipitées avec l'hydrate de cuivre, lui communique la propriété de ne pas noircir par l'exposition à l'air. Ces observations m'ont fait naître l'idée que la couleur bleue de ce minéral, qui est entièrement celle de l'hydrate de l'oxide de cuivre, pouvait fort bien être due à une combinaison de l'hydrate avec le carbonate en forme d'un sel double à unique base, dans lequel la base était partagée entre l'acide carbonique et l'eau, tous les deux étant considérés comme substances électro-négatives, pour ne pas dire acides. 24 à 25 p. d'acide carbonique absorbent, pour former le carbonate neutre ($\overset{..}{Cu}\,\overset{..}{C}{}^2$), précisément deux tiers de l'oxide de cuivre, et le tiers qui en reste forme l'hydrate avec l'eau. Ces vues s'accordent bien avec les analyses précitées, et le résultat calculé d'après cette idée, c'est-à-dire d'après la formule $\overset{..}{Cu}\,Aq^2 + \overset{..}{Cu}\,\overset{..}{C}{}^2$, donne :

Oxide de cuivre   69.13.
Acide carbonique   25.60.
Eau . . . . .   5.27.

Quelque temps après la publication de mon mémoire, un chimiste anglais très-habile, M. Philips, qui ignorait les idées que j'avais émises sur cette combinaison, reprit l'examen du produit de la nature, ainsi que de celui de l'art, connu sous le nom de cendres bleues, et que l'on dit être préparé par un procédé secret, auquel on soumet des dissolutions de nitrate de cuivre, obtenu du départ de l'or par la voie humide. Il les trouva composés de la manière suivante (1) :

Oxide de cuivre   69.08.
Acide carbonique   25.76.
Eau . . . . .   5.46.

Cependant il ne se forma point la même idée sur la nature de la substance en question. Comme il peut y avoir plusieurs manières de se représenter la nature de ce composé, je vais exposer ici les raisons qui m'ont déterminé à choisir celle que j'ai indiquée dans le texte. J'ai considéré le carbonate vert comme un sous-carbonate avec eau de cristallisation ($\ddot{C}u\ \ddot{C} + Aq.$), puisque tous les sous-sels de l'oxide de cuivre ont cette couleur, et contiennent tous de l'eau. D'un autre côté, je

____

(1) Journal of the royal instit., IV, 276.

considère le carbonate bleu comme étant la combinaison de l'hydrate avec le carbonate neutre de l'oxide de cuivre, parce que la plupart des sels neutres de cette base sont bleus, et que par conséquent la couleur bleue intense de l'hydrate n'en peut être gâtée. On peut me répondre qu'un tel genre de combinaison est nouveau, et que nous n'en connaissons aucun autre exemple. Quoique cela en soi-même ne prouve rien pour le contraire, je puis ajouter que nous ne manquons point d'autres exemples dans lesquels le carbonate de magnésie, appelé magnesia alba, et le carbonate de zinc artificiel, sont déjà connus. J'ai donné les résultats de mon examen de ces substances, dans un mémoire sur les combinaisons qui dépendent des affinités faibles, Afhandl. i Fysik, etc., t. VI, p. 5. Je crois donc, d'après cela, pouvoir considérer comme établi, que le carbonate bleu est la combinaison de deux atomes du carbonate neutre avec un atome de l'hydrate de l'oxide de cuivre.

(16) *Cuivre hydraté.*

Cette substance, appelée par les Allemands kieselmalachit, n'a pas encore été suffisamment examinée. Elle contient de l'oxide de cuivre et de l'eau, mais certainement elle ne doit point être regardée comme un hydrate pur de l'oxide. Il arrive fort souvent qu'une partie est entremêlée d'une silice calcédonienne, tandis que l'autre partie en est presque dépourvue. Elle donne quelquefois des bulles de gaz acide carbonique, et quelquefois elle n'en donne point du tout. Il paraît qu'elle contient une combinaison d'oxide de cuivre avec une substance électro-négative quelconque, probablement la silice, et quelquefois aussi l'acide carbonique, entremêlés de silice en proportions variées. Un morceau très-pur que M. de Bournon m'en a donné, m'a fourni de l'eau, de l'oxide de cuivre et de la silice gélatineuse, d'où je conclus que la formule tirée de l'analyse de M. John, représente probablement bien sa composition à l'état de pureté.

(17) *Cuivre arséniaté.*

M. de Bournon a distingué jusqu'à cinq espèces différentes de cuivre arséniaté, qui ont été analysées par M. Chenevix, et quelques-unes par M. Vauquelin. Les analyses des diverses espèces, et même celles des variétés sont si différentes, qu'il serait nécessaire de soumettre cette matière à de nouvelles recherches. M. Haüy ayant examiné les mesures de M. de Bournon, n'a point eu des résultats assez décisifs pour prononcer en dernier ressort; mais il a considéré comme un exemple à présent inouï, celui d'une combinaison qui offre cinq points d'équilibre essentiellement distincts les uns des autres. Cependant, comme on peut croire que l'acide arsenique est susceptible de former un sel neutre avec l'oxide de cuivre, et deux ou même trois sels avec excès de base, et comme il serait fort possible que quelques-uns des cuivres arséniatés continssent de l'acide arsenieux, ce nombre de combinaisons différentes ne présente rien d'étonnant, d'autant plus qu'un des arséniates analysés paraît avoir été un arséniate double de cuivre et de fer. Ainsi il ne faut rien décider sur la nature de ces différentes espèces d'arséniate de cuivre, avant d'en avoir examiné de nouveau la composition.

(18) *Cobalt gris. Cobalt arsenical.*

M. Stromeijer vient de publier un mémoire sur la composition du cobalt gris et du cobalt arsenical de Riegelsdorff, qui nous donne des renseignements importants sur la nature de ces substances. Il a trouvé que le cobalt gris de Skutterud, en Norwége, est composé de

Arsenic	43.47		sulfure ds cobalt	49.39.
Cobalt	33.10	ou de	pyrite jaune . .	7.03.
Fer .	3.23		arsenic	43.46.
Soufre	20.08			

En reprenant l'examen du cobalt gris de Tunaberg, en Suède, il y a trouvé la même composition. Klaproth a fait son analyse de ce dernier, dans l'idée que le cobalt gris ne contient point de soufre, et le soufre lui est échappé. Le résultat que M. Stromeijer a tiré de son analyse, ne me paraît pas s'accorder avec ce que nous savons des affinités de ces substances. L'arsenic ayant une grande affinité pour le soufre et pour le cobalt, on ne peut croire qu'il soit resté libre de toute union avec ces deux corps, lorsqu'on réfléchit au contact intime qui a dû exister entre ces trois corps, au moment où ils se sont réunis pour former une masse cristallisée homogène. Il me paraît bien plus probable que l'arsenic a dû partager le cobalt avec le soufre, et qu'en conséquence le cobalt gris doit être considéré comme une combinaison analogue au mispickel (le fer arsenical), lequel, d'après ce que nous verrons plus bas, est formé d'un atome de bi-arseniure de fer et d'un de bi-sulfure de fer. En admettant que la petite quantité de fer trouvée par M. Stromeijer n'est point essentielle à la constitution du cobalt gris, et qu'elle doit y être dans le même état de combinaison que le cobalt, c'est-à-dire à l'état de mispickel, la quantité de ce dernier fera 8.9 p. 100, et il renfermera 3.8 p. d'arsenic et 1.9 p. de soufre; il en reste pour le cobalt gris 33.1

p. de cobalt, 39.67 p. d'arsenic et 18.18 p. de
soufre. Or ces nombres représentent un atome
de cobalt, un d'arsenic et deux de soufre, ce qu
revient exactement à la composition du mispickel.
Le cobalt sera partagé également entre le soufre e
l'arsenic, et la quantité des deux corps électro-
négatifs sera justement celle qu'il faudrait pou
donner des sels avec excès d'acide dans le ca
d'oxidation des radicaux. En admettant cela, l
cobalt gris sera composé de

Cobalt	35.49.
Arsenic	45.2.
Soufre	19.33.

Dans les 91.1 p. de cobalt•gris, qui resten
après la soustraction des 8.9 p. de mispickel
il aurait dû y avoir cobalt 32.4, arsenic 41.25, e
soufre 17.16, différences du résultat trouvé qu
n'excèdent point les limites ordinaires de l'inexac
titude souvent inévitable dans nos observations

Le cobalt arsenical de Riegelsdorff a donné

Arsenic	74.22		arseniure de cobalt	51.70.
cobalt	20.31		arseniure de fer .	9.17.
Fer . .	3.42	ou	pyrite de fer . .	1.55.
Soufre	0.89		sulfure de cuivre .	0.20.
Cuivre	0.16		arsenic	36.88.

Il est évident que dans cette mine on ne peu
considérer le cobalt et le fer comme étant dans l

même état de combinaison où ils se trouvent dans le cobalt gris, puisqu'elle ne contient point de soufre; et si l'on fait abstraction du soufre et du cuivre, on voit qu'elle est composée d'arseniure de cobalt mêlé avec un peu d'arseniure de fer, qui paraît ne lui appartenir que comme un ingrédient accidentel. Le cobalt et l'arsenic sont très-près dans le rapport d'un atome à trois ; mais comme le fer a aussi absorbé sa quantité d'arsenic, cela change les rapports, et tout bien pesé, le cobalt arsenical examiné, paraît avoir été composé de $Co\,As^2$ mêlé avec $Fe\,As^2$, et avec de l'arsenic, qui se rencontre d'ailleurs fort souvent disséminé visiblement dans les mines de cobalt.

Le cobalt arsenical gris noirâtre, analysé par M. Laugier, s'accorde fort bien avec la formule $Co\,As + Fe\,As$, qui vient d'être citée dans la table, et il paraît qu'il est un arseniure double de ces deux métaux. Pour la variété blanche argentine, il est évident, d'après l'analyse du même savant, qu'elle n'est autre chose qu'un mélange du précédent arseniure double avec du mispickel, et peut-être aussi avec un peu de cobalt gris, qui lui communique une couleur plus pâle.

(19) *Zinc calamine.*

Nous devons la connaissance de la composition , tant des carbonates que du silicate de l'oxide de zinc , à un excellent travail de M. Smithson , inséré dans les Transact. phil., 1803. Il y donne la composition du silicate de la manière suivante :

$$
\begin{array}{lr}
\text{Silice} & 25.0. \\
\text{Oxide de zinc} & 68.3. \\
\text{Eau} & 4.2. \\
\text{Perte} & \underline{2.5.} \\
& 100.0.
\end{array}
$$

Comme l'oxigène de la base y est 13.4, et celui de la silice 12.57 , on voit que ces deux substances en doivent contenir une quantité égale. Mais la quantité d'eau trouvée ne s'accorde point également bien avec les deux autres ; et comme le changement de transparence des cristaux de la calamine par la perte de l'eau, indique qu'ils contiennent de l'eau combinée , j'en entrepris un nouvel examen pour déterminer ce point. Je me suis servi des cristaux d'une calamine qui vient du pays de Limbourg.

2 gr. 646 de calamine cristallisée, chauffés dans un petit appareil pour recueillir l'eau , construit de manière que les gaz développés pendant l'opération peuvent sortir par un tube , remplis de muriate de chaux , et pesés avec l'appareil, donnèrent o gr. 198 d'eau pure , et o gr. oo3 d'acide carbonique; chauffés ensuite dans un creuset de platine , ils perdirent encore o gr. 009

Cette perte était de l'acide carbonique, car la calamine introduite dans une éprouvette remplie d'acide muriatique et renversée sur du mercure, donnait un peu de gaz acide carbonique, et la silice gélatineuse qui resta, en prit une apparence écumeuse.

D'après cette expérience, la calamine contient 7.46 p. cent d'eau et o. 45 p. cent d'acide carbonique.

100 p. de calamine chauffées au rouge, ont été décomposées par de l'acide sulfurique étendu d'un peu d'eau, et la masse gélatineuse a été évaporée jusqu'à faire volatiliser la plus grande partie de l'excès de l'acide : reprise par l'eau elle a laissé 26. 73 p. de silice non dissoute. Le liquide précipité à chaud, par du carbonate de soude, a donné du carbonate de zinc, qui, décomposé par le feu, a laissé 73.17 p. d'oxide de zinc : l'oxide a été redissous par l'acide muriatique. Le muriate, évaporé à siccité et repris par l'eau, a laissé encore o.3 p. de silice non dissoute.

Dans cette solution neutre, on versa de l'ammoniaque jusqu'à ce que l'oxide précipité se fût redissous. L'ammoniaque laissa une masse blanche et floconneuse, qui pesait o.3 p., et qui, examinée au chalumeau, se réduisit à un globule métallique, dans lequel l'acide nitrique découvrit la présence du plomb et de l'étain. En retranchant

o.3 p. de silice et o.3 p. d'oxide de plomb et d'é-
tain des 73.17 p. d'oxide de zinc, il en reste
72.57 p. pour l'oxide pur, qui cependant, dissous
et traité avec du gaz hydrogène sulfuré, donna
encore des traces d'étain, mais en trop petite
quantité pour qu'on pût le peser.

La calamine a donc donné :

Silice	24.893
Oxide de zinc .	66.837.
Eau	7.460.
Acide carbonique	0.450.
Oxides de plomb et d'étain . .	0.276.
	99.916.

Si les o.45 p. d'acide carbonique ont été combinées avec l'oxide de zinc, en forme de carbo-
nate terreux (c'est-à-dire $\ddot{Z}n\ Aq^6 + 3\ \ddot{Z}n\ \ddot{C}$),
elles correspondent à 2.2 p. d'oxide de zinc et à
o.40 p. d'eau. Les 64.6 p., d'oxide de zinc qui restent, et qui ont été combinées avec la silice, contiennent 12.83 p. d'oxigène, la silice en contient
12.51 p. et l'eau 6.275 ; de manière que celle-ci
contient la moitié moins d'oxigène que l'oxide
de zinc : la composition de la calamine sera
donc représentée par $\ddot{Z}n^3\ \ddot{S}i^2 + 3\ Aq.$, ou par
$2\ ZnS + Aq$. La composition calculée d'après
cette formule est :

Silice . . .	26.23.
Oxide de zinc	66.37.
Eau	7.40.

(20). *Les pyrites.*

M. Stromeijer vient de publier dans les Annales de physique de M. Gilbert (nouvelle série, t. XVIII, p. 189), un examen de la pyrite magnétique et du fer sulfuré au minimum artificiel. M. Stromeijer a trouvé que ce sulfure se dissout par l'acide sulfurique étendu, en dégageant beaucoup de gaz hydrogène sulfuré, mais qu'en opposition avec la théorie, il laisse toujours une certaine quantité de soufre, qui n'a point été combinée avec l'hydrogène, et il en conclut que ce sulfure contient plus de soufre que n'indique la théorie des proportions chimiques. Le même phénomène a toujours lieu avec le sulfure de fer au minimum artificiel, en sorte qu'il ne paraît pas être accidentel : ce phénomène est donc une anomalie qu'il sera cependant facile d'expliquer.

Dans mes expériences sur la composition des sulfures de fer(Annales de chimie, t. LXXVIII, p, 125), j'ai prouvé qu'il y a un sulfure de fer au minimum composé d'après les proportions chimiques ; mais ce n'est point le même sulfure que l'on obtient, lorsqu'après avoir employé un excès de soufre on fait fondre le sulfure obtenu : ce dernier sulfure contient toujours un excès de soufre, que la chaleur seule n'en peut dégager. On obtient le vrai sulfure au minimum, lorsqu'on chauffe des lames de fer avec du soufre, dans une cornue, en agmentant le feu jusqu'au rouge ; les lames de fer ne se pénètrent point entièrement avec le soufre; on n'obtient qu'une croûte de sulfure de fer attachée au fer métallique. En pliant les lames refroidies, le sulfure s'en détache et tombe en morceaux. Le contact du fer non combiné avec la croûte du sulfure, fait que ce dernier ne contient point de soufre en excès, mais il ne contient pas non plus de fer excédant, puisque la masse n'étant point fondue le fer n'a point pu se mêler avec le sulfure. Dans les expériences de M. Stromeijer on a toujours employé du soufre en excès ; et s'il existe une combinaison qui, à la température d'un feu rouge, peut contenir plus de soufre que le sulfure au minimum, elle a dû se former à cette occasion, et en effet c'est ce qui a eu lieu, comme le prouvent les expériences de cet habile chimiste.

M. Stromeijer a trouvé que la pyrite magnétique et le fer sulfuré artificiel ont la même composition, et que 100 p. de fer y ont absorbé 67 p. de soufre, c'est-à-dire un septième de plus que n'absorbe le fer pour former le sulfure au minimum. Cette quantité paraît d'abord en opposition avec les proportions chimiques, puisqu'on ne peut point considérer le sulfure au

minimum comme $Fe + 7\,S$, et la pyrite magnétique comme $Fe + 8\,S$.

Je ferai voir dans les pages suivantes que les
deux oxides de fer ont la propriété de se combiner et de donner un oxide composé, qui, considéré
comme un degré d'oxidation particulier, ferait
également exception aux lois des proportions chimiques. Or, si les différents degrés de sulfuration
du fer sont également capables de s'unir tout
comme les oxides, ils doivent le faire dans un tel
rapport, que le soufre de l'un soit un multiple par
un nombre entier de celui de l'autre, et l'on aura,
par exemple, les combinaisons suivantes : $Fe\,S^4$
$+ 2\,Fe\,S^2$, $Fe\,S^4 + 4\,Fe\,S^2$, $Fe\,S^4 + 6\,Fe\,S^2$;
et d'un autre côté, $Fe\,S^2 + 2\,Fe\,S^4$, $Fe\,S^2 +$
$3\,Fe\,S^4$, etc. Si nous calculons en centièmes la
composition que doivent avoir ces différents sulfures, nous trouvons :

	$Fe\,S^4 + 2\,Fe\,S^2$	$Fe\,S^4 + 4\,Fe\,S^2$	$Fe\,S^4 + 6\,Fe\,S^2$.
Fer	55.85.	58.4.	59.6.
Soufre	44.15.	41.6.	40.4.

	$Fe\,S^2 + 2\,Fe\,S^4$	$Fe\,S^2 + 3\,Fe\,S^4$.
Fer	50.4.	49.25.
Soufre	49.6.	50.75.

J'ai présenté ici des exemples de combinaisons
admises par la théorie, mais que probablement la
nature ne produit point toutes. M. Stromeijer a
analysé deux sulfures de fer dont la composition

s'écarte de celle des sulfures au minimum et au maximum, et dont par conséquent on doit trouver la composition d'accord avec quelqu'une de ces formules. La pyrite magnétique lui a donné: fer, 59.85, et soufre, 40.15. Or cette composition est entièrement d'accord avec la formule $Fe\ S^4 + 6\ Fe\ S^2$, dans laquelle le fer sulfuré au minimum contient trois fois autant de soufre que le sulfure au maximum. Une autre pyrite qui venait des Pyrénées, et qui était sensiblement magnétique, donnait 56.37 p. de fer et 43.63 p. de soufre, combinaison qui se rapproche de très-près de $Fe\ S^4 + 2\ Fe\ S^2$, dans laquelle les deux sulfures contiennent une quantité égale de soufre. Les recherches faites pour découvrir si cette pyrite était une masse homogène, n'y indiquèrent aucun mélange sensible.

Je dois cependant observer que la nature produit fort souvent des mélanges de sulfures métalliques, dans lesquels on distingue aisément à l'œil les différents sulfures, si on fait tailler et polir le minéral.

Il existe encore un autre sulfure de fer connu sous le nom de pyrite blanche, et dont la forme primitive des cristaux et la couleur diffèrent de celles de la pyrite jaune ordinaire. Lorsque cette pyrite n'est point régulièrement cristallisée, elle se recouvre d'une efflorescence de sulfate

d'oxidule de fer, et finit par se désagréger entièrement : les parties cristallisées se conservent
sans altération. Il est probable que ce phénomène est dû à une interposition de particules
de fer sulfuré magnétique. J'ai eu occasion d'examiner des cristaux de cette pyrite, qui m'ont
été donnés par M. Haüy, et dont la composition
ne m'a point paru différer de celle de la pyrite
jaune. J'ai dissous 100 p. de pyrite dans l'acide
nitro-muriatique, et j'ai précipité la solution par
de l'ammoniaque caustique en excès ; le liquide
ammoniacal neutralisé par l'acide muriatique, a
été précipité ensuite par le muriate de baryte : j'ai
obtenu 66.15 parties d'oxide de fer, qui contenaient 1.00 p. d'oxide de manganèse, et 86.75 parties
de sulfate de baryte. La pyrite a laissé 0.8 parties
de silice insoluble dans les acides, ce qui donne :

Fer . . . 45.07.
Manganèse 0.70.
Soufre . . 53.35.
Silice . . 0.80.
————
99.92.

composition qui s'accorde parfaitement avec
celle de la pyrite jaune qui, dans son état de pureté
est composée de 45.74 p. de fer, et de 54.26 p. de
soufre. La pyrite blanche traitée par de l'acide
muriatique concentré, n'a point donné de trace de
gaz hydrogène sulfuré, mais l'acide s'est au premier instant coloré un peu en jaune, par la pré-

sence d'une petite quantité d'oxide de fer, dont presque tous les minéraux contiennent des traces plus ou moins considérables.

J'ai rangé la pyrite blanche dans le système, comme une espèce particulière, à cause de la différence de ses caractères physiques d'avec ceux de la pyrite jaune. Je me propose de l'étudier encore mieux, sur-tout celle qui effleurit, ainsi que le sel qui se produit et la partie qui résiste à la décomposition.

(21). *Mispickel.*

La composition de ce minéral a long-temps été méconnue, jusqu'à ce que les expériences de MM. Chevreul, Stromeijer et Thomson y ont mis la présence du soufre hors de doute. Il est évident que ce minéral ne peut être considéré comme un arseniure simple, mais comme une combinaison d'un arseniure de fer au maximum avec du sulfure de fer au maximum. Les analyses de Chevreul et de Stromeijer ont donné :

	Chevreul.	Stromeijer.	Résultat calculé.	
Fer . . .	34.938.	36.04.	33.5	1. *atome.*
Arsenic . .	43.418.	42.88.	46.5	1.
Soufre . .	20.132.	21.08.	20.0	2.

Ces nombres s'approchent très-près d'un atome de fer, d'un d'arsenic et de deux de soufre, comme je viens de le faire voir par la comparaison précitée. Dans ce cas, le fer est partagé en deux parties égales, dont l'une est unie à l'arsenic, tandis que l'autre l'est au soufre, tout comme nous l'avons vu précédemment dans le cobalt gris. Je préfère le nom de mispickel à celui de fer arsenical, puisqu'il est très-probable qu'un arseniure de fer sans soufre peut être découvert.

(22). *Fer oxidulé.*

Je ne crois pas qu'on ait jamais trouvé l'oxidule de fer à l'état isolé, dans la nature. Son affinité très-forte comme base salifiable, ainsi que la grande facilité avec laquelle il se porte à un plus haut degré d'oxidation, font qu'il est très-difficile de l'obtenir, même à l'aide des procédés chimiques. Dans la nature, il se présente toujours combiné avec d'autres oxides; et dans les minéraux où on l'a considéré comme le plus pur, il a été trouvé combiné, ou avec de l'oxide de titane, ou avec de l'oxide rouge de fer. Nous devons cette dernière observation à M. Proust. Comme la combinaison des deux oxides se fait toujours dans des proportions fixes, on était d'abord tenté de croire qu'elle était en effet un degré d'oxidation particulier entre l'oxide noir et l'oxide rouge. Voici quelques expériences que j'ai faites pour déterminer ce point et que je considère comme décisives.

J'ai choisi une mine de fer attirable à l'aimant, qui ne contenait rien d'étranger, excepté une partie de sa gangue, dont on ne la trouve jamais entièrement exempte; je l'ai porphyrisée en rejetant avec l'eau les parties les plus légères, et retirant ensuite, moyennant une barre aimantée, une partie de la poudre : je le fis sous l'eau, afin que celle-ci pût enlever toutes les particules qui pouvaient se trouver mécaniquement adhérentes au fer attaché à l'aimant. J'ai ensuite séché la poudre à la température de l'étain fondant; j'en ai dissous 5 grammes dans de l'acide nitro-muriatique : la dissolution étendue d'eau a été filtrée; elle laissa sur le filtre une petite quantité de la gangue siliceuse de la mine, qui pesait o gr. 121 : le liquide filtré fut précipité par de l'ammoniaque caustique. L'oxide de fer obtenu, bien lavé et ensuite chauffé à un feu rouge, pesait 5 gr. 061; il n'était point du tout attirable à l'aimant, et il ne contenait aucune trace d'oxide de manganèse. Le liquide d'où il était précipité, fut soigneusement examiné : on n'y découvrit que du nitrate et du muriate d'ammoniaque.

J'ai répété cette même expérience avec une mine de fer, qui était elle-même un aimant : 5 grammes de cette mine ont laissé o gr. 119 de

résidu insoluble, et ont produit 5.069 gr. d'oxide
de fer rouge. D'après mes expériences sur la
composition de l'oxide de fer, 100 p. de l'oxide
rouge contiennent 30.66 p. d'oxigène ; d'où il
suit que dans la première de ces expériences,
100 p. de fer ont été combinées avec 39.16 p.
d'oxigène, et dans la dernière, avec 39.2 p. Or,
ces nombres ne s'accordent point avec ceux que
l'on a trouvés pour les deux autres oxides de fer,
s'il faut considérer cette mine comme un degré
d'oxidation particulier. Si, d'un autre côté, nous
la considérons comme composée des deux oxides
de fer unis ensemble, il se trouve qu'elle contient un atome d'oxidule de fer et deux atomes
d'oxide rouge, de manière que l'oxigène de ce
dernier est un multiple de l'oxigène du premier
par trois, et que le fer l'est par deux. La composition calculée d'une telle combinaison, est :

Fer   71.79. — 100.00.   oxidule de fer   31.
Oxigène   28.21. — 30.29.   oxide de fer   69.

En étudiant plusieurs combinaisons de radicaux combustibles avec l'oxigène, qui ont paru
s'écarter des proportions générales, je crois
avoir reconnu qu'elles ont été composées de deux
oxides du même radical, et que c'est sur-tout les
oxides dont l'oxigène est dans le rapport de

1 : 1 $\frac{1}{2}$, qui peuvent se combiner de cette manière. Je considère comme de telles combinaisons , l'acide nitreux de M. Gay-Lussac , l'oxide vert de cobalt , l'oxide rougeâtre de manganèse , un oxide verdâtre d'urane , que l'on obtient en chauffant l'oxide d'urane pur, à une chaleur rouge , dans des vaisseaux ouverts , etc.

(23). *Fer chrômé.*

Ce minéral mérite d'être examiné avec beaucoup d'attention , pour déterminer dans quel état de combinaison le fer s'y trouve. Je regarde comme décidé que le chrôme n'y est qu'à l'état d'oxide , puisque les analyses n'ont point donné une perte qui ait été équivalente à la quantité d'oxigène qui aurait dû se dégager de l'acide chrômique pendant l'expérience. On a trouvé de l'alumine dans ce minéral ; elle paraît n'être qu'accidentelle : mais si on reconnaissait dans la suite qu'elle ne l'est point, le minéral se placerait dans la famille de l'aluminium comme un chrômite double de fer et d'alumine.

(24). *Fer titané.*

M. de Bournon nous a fait connaître un fer titané que l'on a trouvé en fort petite quantité à Oisan accompagnant l'anatase ; M. de Bournon a nommé ce minéral craitonite ; il en a déterminé la forme cristalline. On avait cru d'abord qu'il contenait de la zircone ; M. Gillet de Laumont a bien voulu me confier une petite quantité de cette substance extrêmement rare , pour que j'en fisse l'examen. Malheureusement la quantité n'a pas été suffisante pour une analyse complète , surtout comme il fallait commencer par des recherches sur la nature de ses principes constituants. J'y ai trouvé de l'oxide de titane et de l'oxidule de fer, dans des proportions qui diffèrent peu de celles que Klaproth a trouvées dans le menacane ; mais j'ignore si la craitonite contient quelque autre chose que ces deux oxides.

(25). *Hedenbergite.*

Je nomme ainsi, pour rappeler un ami et compagnon de travail, dont la science regrette la mort prématurée, un minéral qui a été décrit et analysé par M. L. Hedenberg, et qui vient de Mormorsgrufra à Tunaberg. Comme dans le précédent mémoire, p. 126, il a été dit que j'ai considéré comme deux espèces minérales différentes, deux variétés de quartz rubigineux dont ce minéral devait être l'une , je vais présenter un extrait du mémoire de M. Hedenberg sur cette matière.

La couleur est foncée verdâtre, tirant un peu sur le brun. Il n'est point cristallisé, mais la texture est feuilletée, et, par la division mécanique, on le coupe sans difficulté en rhomboïdes dont les angles sont ceux de la chaux carbonatée. La cassure est inégale, les morceaux séparés ont les bords peu aigus, et extrêmement opaques. Il est rayé par la chaux fluatée, mais il raye lui-même la chaux carbonatée : sa poudre a une couleur verte d'olive. Nous avons déjà, page 31, donné le résultat de son analyse.

(26) a. *Manganèse phosphaté ferrifère de Limoges.*

J'ai eu occasion d'examiner ce minéral pendant l'impression même de ce mémoire. J'ai déjà communiqué (p. 62) le résultat d'une analyse faite par M. Vauquelin, à une époque où on ne connaissait point encore les méthodes que nous possédons à présent pour séparer l'oxide de fer de l'oxide de manganèse.

J'ai dissous le minéral dans l'acide muriatique : j'ai précipité la dissolution en y ajoutant un excès d'hydrosulfure d'ammoniaque, avec lequel j'ai fait digérer le précipité pendant quelques moments, pour décomposer toute trace de sous-phosphate qu'il aurait pu contenir. Le mélange a été filtré, et le précipité a été lavé avec de l'eau aiguisée par de l'hydrosulfure d'ammoniaque. Cette précaution a été employée à cause de ce que l'eau pure dissout une petite partie du sulfure de fer précipité, en prenant une couleur verte. La présence d'une petite quantité de l'hydrosulfure, ou du gaz hydrogène sulfuré dans l'eau, lui ôte cette propriété.

Le liquide filtré a été neutralisé par de l'acide muriatique, et le gaz hydrogène sulfuré chassé par l'ébullition. On l'a ensuite sursaturé d'ammoniaque, et l'on y a ajouté du muriate de chaux aussi long-temps qu'il s'est formé un précipité. On a laissé déposer le phosphate de chaux dans un flacon bien bouché, on a décanté le liquide, et on l'a remplacé par de l'eau pure ; on a répété cela une couple de fois, et on a ensuite jeté le précipité sur un filtre, et on l'a lavé.

Les sulfures métalliques ont été séchés et ensuite grillés ; les oxides ainsi obtenus ont été repris par l'acide muriatique et séparés de la manière ordinaire par du succinate d'ammoniaque.

100 p. du minéral ont produit 68 p. de phosphate de chaux, équivalentes à 32.79 p. d'acide phosphorique ; 35.5 p. d'oxide de fer, équivalentes à 31.9 p. d'oxidule ; et 39.4 p. d'oxide brun de manganèse, équivalentes à 35.8 p. d'oxidule de manganèse. Comme ces nombres se rappro-

chent très-près d'un atome de chaque principe
constituant, en indiquant cependant un petit
excès de l'oxidule de manganèse, je crus devoir
examiner ce dernier avec une attention particulière. Je trouvai alors que ce minéral contient
une petite quantité de phosphate de chaux, qui se
précipite avec l'oxide de manganèse. Je l'ai extrait en traitant ce dernier avec de l'acide nitrique faible ; j'ai neutralisé le liquide et j'y ai ajouté
de l'acide oxalique. Il s'est formé un précipité,
dont une partie a été redissoute par de l'eau
bouillante. La partie non dissoute, décomposée
au feu, laissa un mélange de carbonate de chaux
et d'oxide de manganèse, d'où l'acide nitrique
faible a extrait avec effervescence 2.9 p. de
carbonate de chaux, équivalentes à 3.2 p. de
phosphate de chaux, qu'il fallait retrancher du
poids de l'oxide de manganèse.

L'analyse avait donc donné :

Acide phosphorique . .	32.8.
Oxidule de fer . . .	31.9.
Oxidule de manganèse	32.6.
Phosphate de chaux .	3.2.
	100.5

Dans cette combinaison, les deux bases contiennent la même quantité d'oxigène, c'est-à-dire
qu'elles sont dans le même rapport entre elles,
comme dans la tantalite de kimito et dans la py-
rosmalite. L'acide y est combiné avec deux fois

autant de base que dans le phosphate neutre, puisqu'il donnerait un sel neutre avec l'une des bases. Le résultat calculé donne : acide phosphorique 33.23, oxidule de fer 32.77, oxidule de manganèse 34.00.

(26) b. *Tantalite.*

Je n'ai point encore eu occasion de voir le travail qu'ont fait conjointement MM. Léonhard et Vogel, sur la tantalite de Bodemais. Son apparence extérieure, ainsi que les phénomènes qu'elle produit avec les flux au chalumeau, paraissent indiquer d'autres proportions dans ses principes constituants, que celles que j'ai trouvées dans les tantalites de Kimito et de Broddbo. Il est donc probable que cette tantalite forme une espèce particulière.

Dans mes recherches sur les tantalates (Afhandl, IV, 265), j'ai indiqué une tantalite de Kimito dont la pesanteur spécifique et les propriétés extérieures diffèrent de celles de la tantalite ordinaire. M. Ekeberg l'avait déjà distinguée sous le nom de tantalite qui donne une poudre couleur de cannelle. Dans la première analyse que j'en fis, j'eus une telle augmentation de poids, que je ne pouvais que l'attribuer à quelque inadvertance dans ma première pesée de la portion qui devait être analysée ; ce que je ne pouvais point

18

vérifier, n'ayant plus de cette pierre à ma disposition.

Quelques années après, M. Nordenskœld, jeune savant très-distingué, visita les mines de Kimito et y trouva une nouvelle portion de cette même tantalite, qu'il eut la complaisance de me remettre, de laquelle je fis une nouvelle analyse avec presque le même résultat. Cette analyse a été publiée dans les Afhandl. i Fys., etc., VI, p. 237. Voici les résultats que j'ai cru devoir en tirer : la tantalite, qui donne une poudre couleur de cannelle, est un mélange de tantalite ordinaire avec une grande quantité de *bitantalure de fer non oxidé*, visible même à l'œil, lorsqu'on fait tailler et polir la pierre. La quantité de tantalure de fer varie; à mesure qu'il est abondant la pesanteur spécifique augmente (je l'ai eue jusqu'à 7.94), et la couleur de sa poudre devient plus claire et plus ressemblante à celle du tantale pur. C'est la présence de ces principes non oxidés qui cause l'augmentation du poids des substances obtenues par l'opération analytique, et qui fait que cette espèce de tantalite ne se dissout dans le verre de borax, qu'avec une grande difficulté et après une longue exposition au feu, par laquelle le fer et le tantale s'oxident.

Je n'ai point assigné de place particulière dans le système, à cette tantalite. Il est clair qu'elle

doit se trouver ou auprès de la tantalite ordinaire comme variété par mélanges étrangers, ou
qu'elle fera un genre particulier, tantalure, à la
famille du fer.

(27) *Manganèse oxidé hydraté.*

Les minéralogistes ont jusqu'ici confondu deux
minéraux dont l'aspect extérieur est parfaitement
le même, mais dont la nature chimique, ainsi
que l'usage économique, sont très différents.
C'est l'oxide de manganèse au maximum, ou le
superoxide, $\overset{....}{Mn}$, et l'hydrate de l'oxide noir, $\overset{...}{Mn}$
$+$ Aq. On m'apporta il y a quelque temps,
d'Undenaes en Westrogothie, un échantillon
d'oxide de manganèse cristallisé, qui était si beau
et d'apparence si pure, que je n'hésitai point d'en
détacher un morceau, dont M. Arfwedson se
chargea de faire l'analyse. Il se trouvait alors que
cette belle mine de manganèse ne donna que
fort peu d'oxigène; mais qu'au contraire la chaleur en dégagea une grande quantité d'une eau
très-pure. Cette observation conduisit M. Arfwedson à entreprendre un travail suivi sur les
oxides de manganèse. Il arriva à cette conclusion
que l'on trouve dans la nature deux oxides de
manganèse. L'un est le superoxide; au feu il
donne environ 10 p. 100 de son poids d'oxi-

gène, et, quand il est pur, il ne laisse point dégager d'eau. L'autre est l'hydrate de l'oxide, qui
donne d'abord 10 p. 100 d'eau, et ensuite, à
une chaleur blanche, 3 p. 100 d'oxigène,
en laissant pour résidu un oxide brun marron,
que cet habile chimiste a reconnu pour être la
combinaison d'un atome d'oxidule de manganèse
avec deux atomes de l'oxide $\ddot{M}n + 2 \ddot{M}n$, c'est-
à-dire qu'il s'est formé par l'action de la chaleur
une quantité d'oxidule qui a remplacé l'eau auprès de la partie de l'oxide non décomposée.
M. Haüy de son côté venait de trouver que l'espèce minérale considérée comme de l'oxide de
manganèse, renfermait en effet deux formes primitives, dont l'une était un prisme rectangulaire,
et l'autre un octaèdre. En examinant ensuite,
d'après les caractères trouvés par M. Arfwedson,
les deux espèces de forme cristalline, il trouva
que la première appartient au superoxide, et
l'autre à l'hydrate de l'oxide. C'est de cette manière que la cristallographie et l'analyse chimique, marchant à coté l'une de l'autre, parvien-
dront un jour à donner à la minéralogie la forme
d'une véritable science.

On distingue ces deux espèces l'une de l'autre
par la couleur de leur poudre : celle de l'hydrate
est brune, et celle du superoxide est noire. On
trouve cependant fort souvent l'hydrate mêlé

avec le superoxide cristallisé , ce qui paraît devoir être attribué à une espèce d'épigénie, par laquelle un atome d'oxigène du superoxide s'est combiné avec de l'hydrogène et a formé alors la quantité juste d'eau qui sature l'oxide ainsi privé de l'un de ses atomes d'oxigène. Dans ce cas la poudre est d'un noir moins parfait, souvent tirant au brun ; et lorsqu'on chauffe l'oxide dans un tube de baromètre, on voit l'eau qui se condense dans la partie froide du tube. Il est bien évident que sous un point de vue économique, il n'est point indifférent d'employer l'une ou l'autre de ces deux espèces d'oxide. Pour ceux qui emploient le manganèse dans les verreries, les deux espèces paraissent également bonnes ; mais pour les pharmaciens et pour ceux qui s'occupent des préparations propres au blanchîment, le superoxide doit être préféré, puisqu'il donne trois fois autant d'oxigène que l'hydrate de l'oxide. Il doit l'être de même pour les chimistes qui veulent s'en servir pour la préparation du gaz oxigène.

Il y a encore une troisième espèce d'oxide de manganèse qu'il faut distinguer des deux précédentes. Elle vient de Piémont ; on la trouve cristallisée en octaèdres : elle diffère de l'hydrate en ce qu'elle ne contient point d'eau et ne s'altère point par l'action du feu. Elle se dissout dans l'acide muriatique en dégageant du gaz oximuriatique et en laissant de la silice en grande partie gélatinée. Dans une expérience analytique cette pierre m'a donné :

$$
\begin{array}{lr}
\text{Silice} & 15.17. \\
\text{Oxide de manganèse brun-marron} & 75.80. \\
\text{Alumine} & 2.80. \\
\text{Oxide de fer} & \underline{4.14.} \\
& 97.91.
\end{array}
$$

Ces rapports se rapprochent très-près de la formule $Mg^3\,S$, c'est-à-dire celle d'un sous-silicate où l'oxigène de la silice est $\frac{1}{3}$ de celui de l'oxide, et lequel, si l'on échangeait le silicium contre l'hydrogène, donnerait l'hydrate. Cependant je n'ose point affirmer que telle est la composition de cette pierre, puisque si l'alumine, dont une portion n'a point pu être séparée de la silice, sans traiter cette dernière au feu avec un alcali, y a été à l'état de feldspath, le rapport de l'oxide de manganèse et de la silice ne sera plus le même. Ce n'est que lorsque l'analyse aura été répétée sur un échantillon parfaitement pur, c'est-à-dire où la silice, qui reste après la dissolution de l'oxide de manganèse, ne contient plus de substance étrangère, que le résultat de l'analyse sera concluant.

(28) *Wawellite.*

Je viens d'examiner cette pierre, dont j'ai déjà

fait mention p. 78, de manière à pouvoir à présent lui assigner la place qu'elle doit occuper dans le système. Je viens de trouver qu'elle est un sous-phosphate d'alumine probablement mécaniquement mêlé avec une petite quantité de fluate neutre d'alumine.

Cette analyse n'a pas été sans ses difficultés ; ce n'est cependant pas ici le lieu d'en faire l'exposition, qui fera l'objet d'un mémoire particulier. Voici en peu de mots comment l'analyse a été faite :

200 p. de wawellite en poudre fine, 150 p. de cristal de roche porphyrisé, et 600 p. de sous-carbonate de soude, ont été mêlées ensemble et exposées au feu rouge pendant une demi-heure. La masse ainsi frittée a été digérée, pendant vingt quatre heures, avec de l'eau, jusqu'à ce que les parties solubles dans l'eau aient été parfaitement extraites. L'eau qui contenait le phosphate de soude, avec un excès de soude et un peu de silice, a été mêlée avec du carbonate d'ammoniaque et évaporée, ce qui en a précipité la plus grande partie de la silice. On a ensuite filtré, saturé, par de l'acide muriatique, laissé évaporer l'acide carbonique, sursaturé d'ammoniaque caustique, qui en a séparé encore un peu de silice, et on a fini par y ajouter du muriate de chaux aussi long-temps qu'il s'est formé un pré-

cipité. Le sous-phosphate de chaux ainsi obtenu pesait 156.25. On le fit dissoudre dans de l'acide muriatique, on y ajouta un excès d'acide sulfurique, et on évapora jusqu'à ce que les vapeurs acides n'attaquassent plus un morceau de verre superposé. On étendit alors la masse dans l'alcohol qui laissa non dissoutes 205.5 p. de gypse, en dissolvant en même temps l'acide phosphorique et l'excès d'acide sulfurique. On a séparé ces derniers acides moyennant du muriate de baryte, qui précipita d'abord l'acide sulfurique ; et ensuite, par l'addition d'un excès d'ammoniaque caustique, on précipita l'acide phosphorique. Le sous-phosphate de baryte ainsi obtenu, pesait 245.8 p., équivalentes à 66.8 p. d'acide phosphorique. La quantité de gypse obtenu indique une quantité de 70.91 p. d'acide dans le phosphate de chaux mêlé avec du fluate de chaux ; en en retranchant les 66.8 p. d'acide phosphorique, il en reste 4.11 p. pour l'acide fluorique.

La partie de la wawellite frittée que l'eau avait laissée non dissoute, ainsi que celle précipitée par le carbonate d'ammoniaque, traitées par la méthode suivie pour l'analyse des pierres siliceuses, ont donné 70.70 p. d'alumine, 2.5 p. d'un mélange d'oxide de fer et d'oxide de manganèse, et enfin 1 p. de chaux.

Dans une autre expérience je trouvai que la

wawellite contient 26.8 p. 100 d'eau. L'analyse avait donc donné.

Alumine	35.35.
Acide phosphorique	33.40.
Acide fluorique	2.06.
Chaux	0.50.
Oxides de fer et de manganèse	1.25.
Eau	26.80.
	99.36.

Par un calcul fort simple on trouve que l'acide phosphorique y est combiné avec deux fois autant de base que dans le phosphate neutre. Le reste de l'alumine neutralise exactement la quantité trouvée de l'acide fluorique. Quant à la quantité de l'eau, si, comme on doit le supposer, elle est partagée entre les deux sels, le phosphate en prend une quantité dont l'oxigène est égal en quantité à celui de la base, tandis que dans le fluate, l'eau contient six fois autant d'oxigène que l'alumine. On ne peut déterminer si le fluate d'alumine y est chimiquement combiné avec le phosphate ou non; dans ce cas il y aurait neuf atomes du dernier sur un du premier. Comme de petites quantités de fluate de chaux accompagnent les phosphates de cette dernière base, dans les trois règnes de la nature, on peut supposer que les deux acides se trouvent ensemble dans la wawellite par la même cause. C'est par une telle raison que je les ai marqués dans la formule comme n'étant que mécaniquement mélangés, en substituant une virgule au +, qui est le signe de combinaison.

Des minéralogistes moins versés dans l'art difficile des analyses exactes s'étonneront peut-être qu'une telle quantité d'acide phosphorique ait échappé à la sagacité des célèbres chimistes qui avant moi ont fait l'analyse de cette pierre. Mais rien n'est plus facile qu'une telle circonstance. Ayant trouvé que la terre de la wawellite donne de l'alun avec de l'acide sulphurique et de la potasse, qu'elle est entièrement soluble dans la potasse caustique, et qu'enfin dissoute et précipitée par un alcali, elle se retrouve sans perte appréciable dans le précipité, on devait être conduit à la considérer comme de l'alumine pure. S'il n'y avait point eu d'opposition entre le résultat de l'analyse et les proportions chimiques, inconnues lorsqu'on fit ce travail, nous aurions probablement encore long-temps ignoré la présence de l'acide phosphorique dans cette pierre.

(30) *Diaspore.*

On a long-temps considéré cette pierre comme un hydrate d'alumine. On a fait de même d'une espèce de turquoise et d'un minéral que l'on a appelé wawellite terreuse. Aucune des analyses de ces pierres n'a donné un résultat qui s'accorde avec la composition de l'hydrate de l'alumine, qui, comme on sait, se laisse produire par des procédés chimiques. On peut donc soupçonner que ce qui a été pris pour de l'alumine pure n'en est pas. L'analyse de la wawellite nous fait voir combien il est facile de se tromper.

Un minéral trouvé en petite quantité à Huelgoat, et nommé *plomb-gomme,* à cause de sa ressemblance avec la gomme, a été considéré comme un mélange d'hydrate d'alumine et d'oxide de plomb. La générosité de M. Gillet de Laumont m'a mis en état d'examiner cette production singulière; mes expériences ont prouvé que le plomb-gomme est un aluminiate de plomb avec eau de combinaison, mélangé d'une petite quantité de sulfite des deux bases ; cette pierre trouvera donc sa place à la famille du plomb, dont elle fera la dernière espèce. Elle ne se trouve point parmi les espèces énumérées, parce que cette partie de l'ouvrage était imprimée avant que les expériences n'eussent encore rien décidé sur la composition du plomb-gomme.

L'analyse de cette pierre a été faite de la manière suivante : on l'a chauffée dans un petit appareil propre à recueillir l'eau, qui a été reçue dans de la potasse caustique, pour ne point laisser échapper l'acide sulfureux qui se dégageait en même temps. L'alcali a ensuite été traité par de l'acide nitro-muriatique, et l'acide sulfurique ainsi produit a été précipité par du muriate de baryte.

La pierre privée d'eau a été digérée avec de l'acide muriatique concentré, dans un flacon bouché ; l'on y a ensuite ajouté de l'alcohol, et on a filtré. Sur le filtre il est resté du muriate de plomb : la dissolution alcoholique contenait du muriate d'alumine. On en chassa l'alcohol par l'évaporation ; l'acide sulfurique ne troubla point le liquide, preuve que tout l'oxide de plomb en était séparé. L'alumine a été précipitée par de l'ammoniaque ; la quantité d'oxide de plomb a été déterminée par le poids du muriate obtenu. Le muriate était entièrement soluble dans l'eau, en laissant un peu de silice. La dissolution précipitée par du sulfate de soude ne se troubla plus par l'addition d'un alcali ; c'était donc du muriate de plomb pur ; l'analyse a donné :

Oxide de plomb	40.14.
Alumine	37.00.
Eau	18.80.
Acide sulfureux	0.20.
Chaux, oxides de manganèse et de fer	1.80.
Silice	0.60.
	98.54.

L'oxigène de l'oxide de plomb est 2.878 ; celui de l'alumine est 17.181 ; or l'alumine se combine dans le spinelle ainsi que dans le gahnite, avec une quantité de base dont l'oxigène est $\frac{1}{6}$ de cette terre; mais $2.878 \times 6 = 17.268$. L'oxigène de l'eau n'est que 16.71, suite nécessaire de ce que l'acide sulfureux a occupé une partie des deux autres corps; et l'on peut considérer comme certain que l'oxigène de l'eau est égal à celui de l'alumine combinée avec l'oxide de plomb. La formule qui exprime la composition de ce minéral est donc $\ddot{P}b\ \ddot{A}l^4 + 12\ Aq, \ddot{P}b\ \ddot{S}^2, \ddot{A}l\ \ddot{S}^3$.

(31) *Euclase*.

Pour déterminer la composition chimique de l'émeraude, ainsi que de l'euclase, il fallait connaître les rapports dans lesquels la glucine se combine avec les acides, par lesquels on peut, avec une grande probabilité, conclure à la quantité d'oxigène que cette terre contient. Voici les expériences que j'ai faites à cette fin.

On a fait dissoudre de la glucine pure dans de l'acide sulphurique en excès; on a évaporé le liquide jusqu'à ce que l'acide commençât à se volatiliser. On l'a alors étendue d'alcohol, et on a lavé par de l'alcohol la partie non dissoute. Le sulfate de glucine ainsi obtenu a été précipité par du carbonate d'ammoniaque en petit excès, lequel a été chassé par l'évaporation. La glucine chauffée à un feu rouge pesait o gr.553 ; le liquide filtré a été précipité par du muriate de baryte, qui donna 5 gr 00 de sulfate de baryte, équivalents à 1.7185 gr. d'acide sulfurique. Le sel était donc composé de

Acide sulfurique 75.68 100.0.
Glucine . . . . 24.32 32.1.

Comme ce sel pouvait fort bien avoir excès d'acide, je le neutralisai avec du carbonate de glucine (qui ne contenait point d'ammoniaque), en les faisant digérer ensemble. Il se formait une dissolution d'une consistance gommeuse, et en même temps une masse non soluble, molle à la température de l'eau bouillante, qui s'endurcissait par le refroidissement, et devint transparente comme de la gomme, mais qui du reste parut être de la même nature que la partie dissoute ; elle renferma un excès du carbonate de glucine ajouté.

La partie dissoute fut partagée en deux : 1° Une moitié fut mêlé avec de l'eau, aussi longtemps qu'il se forma un précipité. Le mélange laiteux fut filtré, et la solution claire fut décomposée de la manière indiquée plus haut. Elle donnait 1.001 gr. de glucine et 4.549 gr. de sulfate de baryte, équivalents à 1.5635 gr. d'acide sulphurique. Ce sel était donc composé de

Acide sulfurique 60.97 100.00.
Glucine . . . . 39.03 64.05.

2.° L'autre moitié fut évaporée à siccité, et l'eau en fut chassée par la chaleur d'une lampe à esprit-de-vin, à laquelle on l'exposa aussi long-temps qu'elle éprouva une perte sensible. Elle se boursouffla comme de l'alun, et laissa une masse spongieuse. 2 gr. 5 du sel ainsi séché ont été décomposés au feu dans une très-haute température, et ont laissé 1 gr. 24 de glucine, qui redissoute par de l'acide muriatique, ne se troubla point par l'addition de muriate de baryte. Ce sel était donc composé de

```
Acide sulfurique   50.4   100.0.
Glucine . . . . .  49.6    98.4.
```

La partie précipitée par l'addition de l'eau dans une des expériences précédentes, analysée d'une manière analogue, donna

```
Acide sulfurique   28.11   100.
Glucine . . . . .  53.14   189.
Eau  . . . . .     18.75.
```

Les rapports entre l'acide et la glucine, dans ces différents sels, sont comme 1, 2, 3, et 6. Il s'agissait de savoir lequel d'entre eux est le sel neutre, c'est-à-dire celui où l'acide contient trois fois autant d'oxigène que la base. Un sous-sulfate où l'acide sature deux fois autant de base que dans le sel neutre, serait contraire aux lois des proportions fixes, dans lesquelles ces combinaisons se forment. Le premier ne peut donc être qu'un sel avec excès d'acide, comme aussi son goût acide le démontre ; si, d'un autre côté, le second est le sel neutre, les sous-sels contiennent $1\frac{1}{2}$ et 3 fois autant de base que le sel neutre, ce qui est parfaitement d'accord avec les proportions dans lesquelles l'acide sulfurique se combine avec d'autres bases, bien que le rapport de $1\frac{1}{2}$ ne se rencontre que rarement.

En adoptant donc que dans le second de ces sels, l'acide sulfurique contient trois fois l'oxigène de la base, la glucine doit-être composée de :

Glucium . . . . . . 68.83   100.00.
Oxigène . . . . . . 31.17   45.25.

Une solution de muriate de glucine évaporée jusqu'à ce que l'excès d'acide en ait été chassé, a donné 0.626 gr. de glucine et 3.392 gr. de muriate d'argent, équivalents à 0.648 gr. d'acide muriatique. Le sel est donc composé de :

Acide muriatique 50.87   100.0.
Glucine . . . . 49.13   96.5.

En calculant d'après cette analyse la quantité d'oxigène dans la glucine, elle ne serait que 30.2 p. 100. Je considère le premier nombre comme plus exact. L'analyse du muriate nous sert toutefois à prouver que nous ne nous sommes point trompés dans la détermination du sulfate qui doit être considéré comme neutre, et

les rapports dans lesquels nous trouvons la glucine combinée avec la silice et l'alumine dans
l'émeraude et dans l'euclase, viennent encore à
l'appui de ce que nous venons d'avancer.

La composition de l'euclase a jusqu'ici été dou-
teuse, M. Vauquelin, qui en a fait la première
analyse, ayant eu une perte de non moins de
27 pour 100. La générosité de M. de Souza,
ancien envoyé de la cour de Portugal, m'a mis
en état de faire un nouvel examen de cette pierre,
jusqu'ici si difficile à se procurer. En voici le
résumé.

L'euclase en poudre a été fritté avec trois fois
son poids de sous-carbonate de soude ; on a fait
dissoudre la masse dans de l'acide muriatique,
qui a laissé une poudre blanche, laquelle cependant ne fut point une partie encore non décomposée. Cette poudre examinée par une expérience
particulière, se trouvait être une combinaison
de l'oxide d'étain et de la glucine; on la rendit
soluble en la traitant au feu avec du sulfate
acide de soude ; on en sépara ensuite l'étain par
le gaz hydrogène sulfuré, et la glucine par l'ammoniaque. J'avais déjà, une autre fois, rencontré
des combinaisons de cette terre avec les oxides
de manganèse et de cérium, qui résistaient avec
opiniâtreté à l'action des acides. On a réduit la
silice à l'état gélatineux, puis on l'a fait sécher; on

a repris les terres par l'acide muriatique et on les a séparées par le carbonate d'ammoniaque : l'euclase a donné :

$$
\begin{array}{llr}
\text{Silice} & . . . & 43.22. \\
\text{Alumine} & . . & 30.56. \\
\text{Glucine} & . . & 21.78. \\
\text{Oxide de fer} & & 2.22. \\
\text{Oxide d'étain} & & 0.70. \\
\hline
& & 98.48.
\end{array}
$$

Les poids des trois terres se rapprochent tellement de ceux d'un atome de glucine, deux d'alumine, et trois de silice, que si l'on calcule dans une telle supposition la composition de cette combinaison pure, on a presque le même résultat ; savoir : silice 44.33, alumine 31.83, glucine 23.84. Cette pierre est donc composée d'un atome de silicate de glucine, et de deux de silicate d'alumine $G\,S + 2\,A\,S$.

Les rapports que j'ai trouvés sont si rapprochés de ceux trouvés par M. Vauquelin, qu'on pourra soupçonner plutôt une méprise dans la détermination du poids employé dans son analyse, qu'une si grande perte proportionnelle de tous les principes constituants de l'euclase.

(32) *Serpentine noble.*

Les serpentines n'ayant jamais été observées sous une forme régulière, il est difficile de rien décider sur leur nature chimique ; cependant, comme on les trouve souvent formant des masses homogènes très-considérables, et quelquefois douées d'un certain degré de translucidité, on peut conjecturer qu'elles sont la même combinaison chimique. L'analyse en a retiré de l'eau de silice et de magnésie, mais cependant dans des proportions qui ne permettaient point une explication facile. M. Almroth, jeune chimiste suédois, s'étant occupé de l'analyse d'un minéral que M. Hausmann a décrit sous le nom de picrolith, et qui vient de Taberg, en Suède, trouva que ce minéral n'était autre chose qu'un mélange mécanique de chaux carbonatée magnésifère, avec la serpentine, et en comparant ses expériences sur la serpentine, avec celles faites par MM. Hisinger et John, il trouva que les serpentines sont des combinaisons du trisilicate de magnésie avec de l'hydrate de la même base, et que la variété dite serpentine noble, est composée de $M\,S^3 + M\,Aq$: d'où il semble résulter que les carbonates ne sont point les seuls sels qu peuvent se combiner avec les hydrates.

(33) *Arragonite.*

Tout le monde connaît le problème qu offre la différence de forme primitive des cristaux, et l'identité de la composition chimique de l'arragonite et de la chaux carbonatée ordinaire. Mais ce n'est point seulement la forme primitive, c'est encore la dureté et la pesanteur spécifique qui les distinguent; et cependant dans les autres substances inorganiques cristallisées, ces propriétés restent invariables pour la même substance. Ces différences doivent avoir une cause, et c'est cette cause que la chimie a long-temps cherché en vain. Il y a quelque temps que le célèbre chimiste de Gottingue, M. Stromeijer, trouva que les arragonites contiennent du carbonate de strontiane et un peu d'eau essentielle à leur constitution; et on en conclut que ces différences étaient dues à la présence de ces substances. Dans les pages précédentes (19-20), j'ai énoncé quelques idées à ce sujet, mais je suis loin de prétendre qu'elles puissent résoudre la question.

M. Haüy vient de prouver que la forme de l'arragonite ne se laisse point déduire de celle du carbonate de strontiane, dont la quantité, en même temps qu'elle est très-petite, varie beaucoup dans les arragonites, sans que cela ait aucune influence sur leur forme et sur leur poids spécifique. Il paraît donc qu'il faut attendre quelque autre découverte, avant que ce problème puisse être considéré comme résolu.

(34) *Chaux carbonatée magnésifère.*

M. Wollaston a trouvé que la chaux carbonatée magnésifère a pour noyau un rhomboïde, dont les angles sont à très-peu-près les mêmes que ceux du noyau de la chaux carbonatée pure. M. Haüy regarde ces deux noyaux comme étant identiques, et il pense que les petites différences qui se rencontrent quelquefois dans la mesure des angles, viennent des inexactitudes inévitables de nos moyens de recherches. Ce serait être trop présomptueux que de vouloir porter un jugement entre deux minéralogistes qui occupent le premier rang parmi les savants de notre siècle ; la seule chose que la chimie puisse faire, c'est de prouver que ce que l'on appelle chaux carbonatée magnésifère, lorsqu'elle est pure et cristallisée, est toujours un sel double de carbonate de chaux et de carbonate de magnésie, dans lequel les deux bases contiennent une quantité égale d'oxigène, et par conséquent aussi une égale quantité d'acide carbonique : c'est par leur tendance à former ce sel double qu'il est si difficile de séparer d'une manière complète les deux terres dans nos analyses. Toutes les analyses des chaux carbonatées magnésifères cristallisées, ont donné environ 54.2 p. de carbonate de chaux, et 45.8 p. de carbonate de magnésie, qui est leur poids respectif donné par le calcul. Il est donc clair que cette substance ne doit point être considérée comme une variété de la chaux carbonatée, mais bien comme une espèce particulière. Sous ce rapport, le nom de chaux carbonatée magnésifère ne lui convient point, on ferait peut-être mieux de lui donner le nom de dolomie, qu'a porté jusqu'ici sa variété granulaire.

Il y a des apparences que ces deux carbonates sont susceptibles de se combiner dans plus d'une proportion. On trouve par exemple à Gurhof en Allemagne, une chaux carbonatée magnésifère, que l'on appelle gurofian, parce qu'elle diffère de l'autre par sa composition et par ses caractères extérieurs : elle paraît, d'après l'analyse de Klaproth, être composée d'un atome de carbonate de magnésie, et de deux de carbonate de chaux. Une autre qui vient de Frankenhain et qui a été analysée par M. Stromeijer, paraît être composée d'un atome de carbonate de chaux, sur deux de carbonate de magnésie; mais comme ces deux derniers minéraux sont toujours compactes, ce n'est que leur grande dureté, qui excède beaucoup celle de leurs principes, qui peut donner lieu à les considérer comme des combinaisons. Cependant, pour être définitivement admis dans le système comme des espèces particulières, ces minéraux ont besoin d'un nouvel examen.

(35) *Uranite.*

Ce minéral a jusqu'ici été considéré comme l'oxide d'urane pur. J'avais trouvé qu'il contient de l'eau, et voulant en déterminer la quantité, je trouvais que les proportions obtenues ne s'accordaient point bien avec les proportions chimiques, au cas que le reste fût de l'oxide d'urane pur. Ayant à ma disposition une petite quantité de l'uranite d'Autun, que je dois à la générosité de MM. Barruel, je croyais devoir en entreprendre une analyse ; j'ai trouvé que ce minéral est une combinaison de l'oxide d'urane, avec de la chaux et avec de l'eau, en un mot, que c'est un véritable sel à base de chaux, où l'oxide d'urane joue le rôle d'acide. Bucholz avait déjà trouvé que l'oxide d'urane était susceptible de se combiner avec la potasse, et que dans cette combinaison il résistait à l'action du feu, qui décompose l'oxide pur. M. Chevreul vient plus nouvellement de rappeler aux chimistes les propriétés de corps électro-négatifs dont cet oxide est doué, et l'analyse de ce minéral achève, pour ainsi dire, les preuves que l'oxide d'urane possède les propriétés d'un acide très-faible. Voici un résumé de mes expériences sur la composition de l'uranite. On chauffa la pierre au rouge, après l'avoir auparavant séchée à une chaleur modé-

rée pour en éloigner l'humidité hygroscopique,
de laquelle la structure lamelleuse de ce minéral
le rend très - avide ; la pierre privée d'eau a
été dissoute à froid dans l'acide muriatique ; le
liquide a été filtré pour en séparer une partie de
gangue non dissoute par l'acide, et ensuite
rapproché jusqu'à ce qu'il commençât à cristalliser. On l'a alors étendue d'alcohol, et on y a
ensuite ajouté un mélange d'alcohol et d'acide sulfurique, pour précipiter la chaux ; le gypse a été
lavé avec de l'alcohol ; le liquide a été mêlé avec
de l'eau et évaporé ; l'oxide d'urane a ensuite été
précipité par de l'ammoniaque. Après avoir déterminé son poids on l'a repris par de l'acide
muriatique et l'on y a ajouté du carbonate d'ammoniaque jusqu'à ce que l'oxide ait été redissous.
Il est resté de l'oxide d'étain ; le liquide d'où
l'oxide d'urane a été précipité, évaporé à sec, et
le sel exposé au feu, a laissé des traces de magnésie et d'oxide de manganèse. J'en ai retiré :

Chaux	6.87
Oxide d'urane	72.15.
Eau	15.70
Oxide d'étain	0.75.
Silice, magnésie, oxide de manganèse	0.80.
Gangue	2.50.
	98.77.

Dans ce minéral, l'oxigène de l'urane est trois
fois, et celui de l'eau six fois l'oxigène de la chaux.
Il y a un petit excès tant d'oxide d'urane que

d'eau ; ce qui est dû, ou à ce que je n'ai point pu en séparer parfaitement la chaux (ce qui ne se laisse point effectuer ni par l'oxalate, ni par la dissolution de l'oxide dans le carbonate d'ammoniaque, ni même par sa précipitation moyennant l'ammoniaque caustique), ou, ce qui me paraît plus probable, à ce que la couleur verte, inégalement distribuée dans les cristaux de ce minéral, provient d'un excès d'oxide ou d'hydrate d'oxide qui n'y est qu'un mélange accidentel, étranger à la constitution de l'uranate de chaux.

Le même minéral se rencontre en Cornouailles, en Angleterre ; mais il est coloré en très-beau vert foncé. Cette couleur est due à la présence d'une certaine quantité d'arséniate de cuivre, qui n'y est qu'un mélange étranger. En traitant cette uranite au chalumeau avec de la soude, elle donne des globules métalliques blanches, composées d'arseniure de cuivre.

(36) *Amphibole et Pyroxène.*

M. Haüy vient de réunir à une même espèce un grand nombre d'espèces différentes de l'école de Werner ; savoir, sous le nom d'amphibole, les amphiboles proprement dites, la grammatite ou trémolite, et l'actinote ; et sous celui de pyroxène, la diopside, la malacolithe, la coccolithe, la sahlite, la mussite, l'alalite, etc. L'analyse chimique, il est vrai, ne justifie point encore cette réunion ; mais on peut toujours répondre que l'analyse géométrique entre les mains de M. Haüy a jusqu'ici, d'une manière bien triomphante, devancé l'analyse chimique, et a prédit, pour ainsi dire, des résultats que cette dernière a enfin été obligée de reconnaître. On se rappelle encore l'histoire de l'émeraude et de l'apatite ; il est donc permis de croire que ce qui est arrivé pour ces minéraux, pourra arriver pour les précédents.

Les analyses de la diopside et des malacolithes pures sont d'accord entre elles pour une formule chimique bien simple, savoir, $C\,S^2 + M\,S^2$. La différence de couleur, de transparence et de pesanteur spécifique même, peuvent donc fort bien n'y indiquer que des mélanges étrangers, tels que des silicates doubles de chaux et d'alumine, de chaux et de fer, d'alumine et de fer, et enfin d'oxidule de fer sans combinaison avec la silice. Toutes ces substances, prises ensemble par l'analyse chimique, paraîtront indiquer des compositions variées de mille manières. Il y a cependant des occasions où une telle explication de la différence des résultats analytiques n'est guère admissible ; j'en citerai un exemple. M. D'Ohsson vient d'examiner une malacolithe de Björnmyresweden, en Dalécarlie, qui lui a donné : $2\,C\,S^3 + M\,S^2$. C'est encore cette même formule qui résulte de l'analyse de M. Vauquelin, de la coccolithe, si l'on y considère les oxides de fer et de manganèse comme purement accidentels. En admettant que la partie qui détermine la forme de cette malacolithe soit $C\,S^2 + M\,S^2$, et en défalquant cette combinaison, il en reste $C\,S^4$, combinaison jusqu'ici inconnue et qu'il serait bien difficile d'y admettre comme mécaniquement mêlée.

Je crois donc que malgré la grande probabilité en faveur de la réunion faite par M. Haüy, on ne doit point considérer ce point comme décidé, avant qu'on ait pu, d'une manière satisfaisante, réconcilier le résultat de l'analyse chimique avec celui de l'analyse géométrique. On a beau chercher à donner de la prépondérance à celle-ci, en considérant les difficultés de la première, toutes les deux ont des limites, hors desquelles elles ne peuvent point, sans une grande négligence, être inexactes; et d'ailleurs il n'y a aucune circonstance géométrique ou chimique qui s'oppose à ce que deux différentes combinaisons aient ou la même forme primitive, ou des formes si rapprochées, que nos moyens d'observer ne nous permettent point d'en apprécier la différence.

Pour les amphiboles il y a les mêmes difficultés, mais on s'en débarrasse mieux par la grande

tendance que ces pierres ont eu, lors de leur formation, à se mêler mécaniquement avec la substance qui leur sert de gangue ; tendance si évi-
dente dans les grammatites de Saint-Gothard,
où ce minéral se trouve toujours pénétré de dolomie et coloré en blanc ou en gris, suivant que la
gangue est elle-même grise ou blanche. La grammatite de Fahlun est probablement une des plus
pures ; elle vient d'être analysée par M. Hisinger,
qui a trouvé pour sa composition la formule de
$C\,S^3 + 2M\,S^2$. Cette grammatite se trouve dans
une stéatite dont la composition est $M\,S^3$; si on
voulait en défalquer, comme probablement mécaniquement mélangé, $M S^3$, il en resterait $C\,S^2$
$+ M\,S^2$; mais cette composition appartient au
pyroxène pur, et par conséquent il est à présumer que cette grammatite ne contient point de
stéatite, et que dans la grammatite, la base est
$C + 2\,M$, tandis que dans le pyroxène elle est
$C + M$. Mais en comparant à l'analyse précitée celles qui ont été faites sur des amphiboles,
on entre dans un dédale d'où il est bien difficile
de sortir. La première observation générale qui
se présente, c'est que dans l'amphibole les bases
sont moins saturées de silice que dans le pyroxène.
Le plus souvent l'oxigène de la base est égal en
quantité à celui de la silice, mais d'autres fois la
dernière en contient deux fois autant que la pre-

mière. L'oxide de fer se trouve dans les amphiboles tantôt en forme de silicate, tantôt en forme
d'*oxidum ferroso-ferricum;* le dernier a lieu sur-
tout dans les amphiboles fortement magnétiques.
Tous les amphiboles contiennent du silicate d'a-
lumine, qui, d'après ce que nous venons de dire,
n'y doit être qu'un principe accessoire, ainsi que
le silicate de fer et les oxides de ce métal. Dans
un grand nombre de grenats, le silicate d'alumine et celui de l'oxidule de fer se trouvent
réunis, d'où l'on peut conjecturer que les amphiboles contiennent fort souvent, comme mélanges, des combinaisons qui, abandonnées à
elles-mêmes, auraient formé des grenats. En effet,
plusieurs amphiboles présentent au chalumeau
les mêmes phénomènes que l'almandine ($A\,S$
$+f\,S$), c'est-à-dire que le morceau ne se dissout
que lentement dans le borax, et conserve sa
couleur noire jusqu'à ce qu'il soit entièrement
dissous. Mais si, d'un autre côté, le silicate de
magnésie est un ingrédient nécessaire, on s'étonne
de trouver des amphiboles qui, possédant tous
les caractères de cette pierre d'une manière bien
prononcée, ne contiennent que deux centièmes
de magnésie, tandis que l'on y trouve de 12 à
26 centièmes d'alumine. (Comparez les analyses
faites par Klaproth, décrites dans les Beytrâge
V. 153-4.) Les actinotes jusqu'ici analysés ne

contiennent que des silicates de chaux et de magnésie, quelquefois colorés par du silicate d'oxidule de fer; mais dans tous, la silice contient deux
fois autant d'oxigène que la base, et la quantité
de magnésie excède celle de la chaux. Ces pierres
méritent par conséquent de nouvelles analyses
faites sur des échantillons les plus purs qu'on
puisse trouver.

La plus grande difficulté à résoudre consiste
dans le différent degré de saturation de la base
dans ces différentes pierres, puisque c'est celui
que l'on peut le moins regarder comme accidentel.

Je viens de faire une exposition des difficultés
que présente la classification de ces minéraux.
Mon intention n'a point été de porter des ar-
guments contre la justesse des conclusions du
savant cristallographe, mais j'ai voulu diriger
l'attention des chimistes vers ce point, afin que,
par des efforts réunis, ces difficultés soient bientôt levées.

(37) *Tourmaline de Brésil.*

Les divers minéraux connus sous le nom de
tourmalines, diffèrent souvent quant à leur composition trop essentiellement, pour qu'on doive
les considérer comme une même espèce. La tourmaline de Brésil contient, d'après l'analyse de

M. Vauquelin, silice, alumine, chaux et oxide
de fer ; celle de Sibérie, d'après MM. Vauquelin
et Klaproth, silice, alumine, soude, et oxide de
manganèse ; celle d'Utö, d'après M. Arfwedson,
silice , alumine , lithine , acide borique et oxide
de fer ; célle de Kåringbricka , en Suède, silice,
alumine , magnésie, oxidule de fer et des traces
de potasse. Il paraît donc que chaque alcali ou
terre alcaline peut avoir son espèce de tourmaline, tout comme la plupart d'entre eux ont leur
espèce particulière d'alun. Comme je ne crois
pas qu'aucun naturaliste voudrait considérer
l'alun ammoniacal comme étant la même substance que l'alun fait avec la potasse , parce que
leurs cristaux ont ou paraissent avoir la même
forme , je considère comme également d'accord
avec les principes scientifiques de ne pas faire une
même espèce de tourmalines, qui sont des silicates doubles d'alumine et de chaux , d'alumine
et de soude, d'alumine et de lithine ; si toutefois
les recherches sur la nature des tourmalines que
l'on a commencées viennent à l'appui de ce que
j'avance ici sur leur différence de composition.

(38) *Allanite , Cérine , Orthite , Pyrorthite.*

La composition de ces pierres est d'une très-
grande importance pour la connaissance de la
constitution chimique des minéraux mélangés ou

fondus ensemble. L'analyse y a démontré un silicate double de chaux et d'alumine, qui est mêlé
avec un autre silicate double d'oxidule de fer et
de cérium (les mêmes bases dont un sous-silicate
se trouve mêlé avec le silicate d'yttria dans la gadolinite), lequel donne à toutes ces pierres une
grande ressemblance extérieure. Le silicate double des oxidules de fer et de cérium n'a point encore été trouvé sans mélange , quoique le défaut
de rapport entre lui et l'autre silicate prouve
qu'ils ne sont que mécaniquement mêlés dans ces
minéraux. Ces pierres sont donc dans la même
catégorie que plusieurs espèces de pyroxène et
d'amphibole, avec cette seule différence que dans
ces derniers nous ne connaissons point avec certitude la composition de la masse principale , ni
des substances qui sont mélangées. J'ai hésité quelques moments sur la place que l'on peut donner à
ces mélanges dans le système; car il est clair que
l'on peut les considérer comme contenant principalement le silicate double des oxidules de fer et
de cérium , en prenant les autres substances pour
accidentelles et secondaires. Dans ce cas, elles doivent être rangées dans la famille du cérium ; mais
comme cette sous-division de la famille du calcium
permet d'y placer des substances dont on n'a
point encore pu former une opinion fixe, je les y
ai placées en attendant.

(39) *Mica.*

Il y a peu de minéraux qui présentent autant de différences extérieures que les micas; on les a cependant considérés comme une même espèce, à laquelle on a nouvellement réuni la lépidolithe et la chlorite. Il est vrai que tant que l'on considère la structure lamellaire comme le caractère essentiel du mica, il paraît juste de comprendre tous ces minéraux dans une même espèce ; cependant le système minéralogique n'étant point un système de formes, mais un système de différentes combinaisons, on doit examiner si des formes analogues sont dans tous les cas soumises à une même composition chimique. La lépidolithe exposée au chalumeau, se fond avec plus de facilité qu'aucune autre substance minérale, en se boursouflant un peu; elle donne un verre clair et sans couleur. Le mica, même celui qui ressemble le plus à la lépidolithe, se divise en lamelles, devient blanc, opaque, et dans le feu le plus violent que le chalumeau peut produire, il s'arrondit seulement sur les bords, et y présente une petite masse fondue qui, refroidie, est blanc d'émail. Déjà cette expérience indique qu'il y a entre ces deux substances des différences de composition essentielles, puisque toutes les deux produisent des phénomènes si différents dans leur état de cristallisation le plus parfait.

M. Biot vient de faire des observations importantes sur l'influence diverse qu'exercent les micas sur les rayons de lumière qui les traversent ; il pense qu'il y a parmi eux plusieurs combinaisons chimiques. Déjà les trois analyses que je viens de citer, et qui ont été faites par le plus grand maître dans l'art de l'analyse minérale, nous prouvent qu'il y a des différences réelles dans leur composition chimique. Les expériences de M. Biot paraissent les partager en deux sections, dont l'une n'a qu'un axe polarisant, et dont l'autre en a deux. Les micas qui contiennent de la magnésie, appartiennent à cette dernière. Nous sommes accoutumés à ce que, dans la nature inorganique, les différents degrés de combinaison ne doivent varier que par de grands sauts d'un degré à l'autre. Cela est invariablement vrai pour la combinaison de deux corps ; mais déjà l'addition d'un troisième donne lieu à une multitude de variétés possibles dans la théorie, mais qui probablement ne sont point toutes produites par la nature. Les micas sont composés en général de trois silicates, $K S^3$, $A S$, $F S$ ou $f S$; en y ajoutant un quatrième $M S$, et probablement aussi un cinquième $mg S$, l'on voit qu'il peut y avoir de très-nombreuses variétés de combinaisons. Ces

variétés ont probablement toutes la texture feuilletée de mica, sous des formes primitives peut-
être un peu variées. Le mica peut, sous ce point
de vue, être considéré plutôt comme une forme
générale de cristallisation que comme une espèce
minéralogique. N'est-il pas d'ailleurs vrai que le
talc, le diallage, l'uranite, l'hydrate de magnésie
partagent tous cette même texture lamellaire?

Les recherches commencées par M. Biot pro-
mettent de nous guider dans ce dédale; mais il y
a une circonstance qui tend à diminuer leur force
comme preuves, c'est la propriété qu'ont plusieurs combinaisons de cristalliser ensemble sous
une même forme, mais sans se combiner; circonstance connue depuis long-temps, mais que
les belles expériences de M. Beudant viennent
de rappeler d'une manière si intéressante. Lorsque deux combinaisons cristallisent dans un
même liquide, leurs molécules se repoussent quelquefois, et les différents cristaux se déposent les
uns à côté des autres. Mais lorsque quelque circonstance, probablement mécanique et relative
à la forme de leurs molécules, permet à celles-ci
de se réunir, elles se disposent symétriquement,
et si la cause qui leur fait prendre l'état solide,
agit sur elles d'une manière uniforme, cette sy-
métrie se conserve dans toute l'étendue du cristal,
et son influence sur la lumière est probablement

la somme des deux sels mécaniquement réunis. Si, d'un autre côté, cette cause agit à différentes époques d'une manière inégale ; si par exemple dans la cristallisation de deux sels d'une même solution, l'un d'eux abandonne le dissolvant dans une proportion plus grande, comparativement à l'autre, au commencement de la cristallisation que vers sa fin, les parties du cristal formées les dernières en contiennent moins que les premières, ce qui peut faire varier dans les différentes parties d'un même cristal la couleur et probablement aussi l'influence que ces parties exercent sur la lumière. La minéralogie nous présente des exemples nombreux de cristaux transparents dont la couleur a changé dans diverses époques de leur formation.

Il paraît donc qu'une solution définitive de ce problème est encore éloignée.

(4o) *Talc.*

Il est évident que ce que je viens de dire sur les micas est en grande partie applicable aux talcs. Aussi les analyses ont-elles donné des résultats fort différents. Dans quelques-uns il y a de la potasse, dans d'autres il n'y en a pas. Le talc zographique ne contient presque pas de magnésie, tandis que le talc lamellaire, d'après l'analyse de M. Vauquelin (Journal des mines, n° LXXXVIII, p. 243), est exactement 2 $MS^3 + Aq$, et paraît devoir se rapporter entièrement à la stéatite. Le talc zoographique au contraire ne paraît être qu'un silicate double à base d'oxidule de fer et de potasse, où la petite quantité de 2 centièmes de magnésie que Klaproth y a trouvée, n'est probablement qu'un mélange accidentel. Ces observations prouvent donc qu'il y a encore beaucoup à faire sous le point de vue chimique pour faire disparaître toutes ces difficultés.

(41) *Sulfate et muriate d'ammoniaque.*

On s'étonnera peut-être de trouver les sels ammoniacaux parmi les substances d'une composition analogue à celle des substances organiques. Outre qu'il est difficile de les placer parmi les substances de la première classe, je dois observer que si le phénomène de la réduction de l'ammoniaque en un corps métallique au moyen de la pile électrique, qui est parfaitement analogue à la réduction que présentent les autres alcalis dans les mêmes circonstances, n'est point une ressemblance entièrement trompeuse, il faut que l'ammoniaque soit l'oxide d'un radical composé ou double, et qu'il soit, par rapport aux autres alcalis, ce que sont, par exemple, les acides acétique et tartarique par rapport aux acides dont le radical est simple , par exemple aux acides sulfurique et phosphorique. Comme toutes les circonstances prouvent que l'hydrogène ne contient pas d'oxigène , l'azote doit être un corps oxidé , dont le radical dans la réduction de l'ammoniaque se combine avec l'hydrogène , en formant une substance analogue aux métaux et qui se combine avec le mercure. J'ai exposé ces idées plus en détail dans un mémoire publié dans les *Annalen der Physik* de M. Gilbert, à Leipsick, février 1814, ainsi que dans les *Annales* de M. Thomson pour cette même année.

FIN.

CORRIGENDA.

Page 3 , ligne 10 , *au lieu de* , il faut que cette chimie , accomplie, etc. , *lisez* , il faut que cette chimie accomplie indique , au sujet de chaque combinaison , si elle se présente, etc.

5, lig. 1 , *lis*. dans la minéralogie.

6, lig. 6-7 , *lis*. de manière qu'une différence dans la composition en entraîne toujours une dans les caractères.

— lig. 9 , *au lieu de* , pour qu'elle puisse de l'une conclure à l'autre , *lis*. pour qu'elle puisse au moyen de la première conclure les autres.

— lig. dernière , sur celle-ci , *lis*. sur les caractères extérieurs.

10 , lig. 16 , semblable aux sels , *lis*. semblable à celle des sels.

— lig. 18 , sans qu'ils eussent fait d'autre usage de , etc. , *lis*. sans qu'ils aient donné aucune suite à , etc.

— lig. 24 , d'acides , *lis*. d'acide.

13 , lig. 15 , l'une , *lis*. l'un.

12 , lig. 3 , succombe à des difficultés , *lis*. nous rend encore incapables de résoudre des difficultés , etc.

14 , lig. 16-20 , *au lieu de* , cristallisés et cristallisées , *lis*. cristallin et cristalline.

15 , lig. 3 de la note , liquides mélangés cristallisants , *lis*. mélangés liquides , susceptibles de produire des cristaux.

18 , lig. 8 , 3° , *lis*. III.

— lig. 21-22 , lorsque quelquefois il se porte au delà , *lis*. quoique cependant il soit quelquefois plus abondant.

19, lig. 20 , restait , *lis*. reste.

— lig. 23 , Thompson , *lis*. Thomson, vol. I.

20 , lig. 9 , environ , *lis*. à-peu-près.

22 , lig. 5 d'en bas , minérale , *lis*. minéraux.

24 , lig. dernière , comme , *lis*. que.

26 , lig. avant-dernière , agamaltolithe , *lis*. agalmatolithe.

30 , lig. 8 , 21.6 , *lis*. 24.6.

— lig. 13 , bisilicate , *lis*. trisilicate.

31 , lig. 26 , Hidenberg , *lis*. Hedenberg.

32 , lig. 4 , sésilicate , *lis*. sexsilicate.

— lig. 10 , 10 , *lis*. 16.

36 , lig. 6 , du gypse , *lis*. au gypse.

Page 37, lig. dernière, Thompson, *lis.* Thomson.

38, lig. 16, ystria, *lis.* yttria.

— lig. 21, *Mg*, lis. *mg*.

— lig. avant-dernière, *lis.* et un petit chiffre en haut à la droite du signe d'une terre, indique combien de fois cette terre contient la quantité d'oxigène de la terre qui se trouve auprès d'elle.

39, lig. 10, *GS*, lis. *CS²*.

— lig. 15, $^8CS^3$, lis. $8CS^3$.

— lig. 19, *entièrement*, lis. *uniquement*.

— lig. 23, organiques, *lis.* inorganiques.

40, lig. 6 d'en bas, alsphalte, *lis.* asphalte.

— lig. 4 d'en bas, mellilithe, *lis.* mellite.

42, lig. 17, beryllicum, *lis.* beryllium.

— lig. 23, Hatrium, *lis.* Natrium.

45, lig. 10, d'une, *lis.* d'un.

50, lig. 21, *argenticum*, lis. *argenti cum*.

63, lig. 3, Brogniart, *lis.* Brongniart.

65, lig. 5-6, oxidule de fer 74.666, *lis.* acide tungstique 74.666. acide tungstique 17.594, *lis.* oxidule de fer 17.594.

67, lig. 2, Thuringue, *lis.* Thuringe.

71, lig. 17, oxide, *lis.* oxidule.

72, lig. 9 d'en bas, titanié, *lis.* titané.

74, lig. 5, dans les, *lis.* dans des.

— lig. 6, la présence de, *lis.* la présence du.

77, lig. 3, alumininias, *lis.* aluminias.

80, lig. 7, puisse, *lis.* peut.

— lig. 2 d'en bas, de silicates, *lis.* du silicate.

81, lig. 11, 596.596.42, *lis.* 596.42.

— lig. 4 d'en bas, A^2Fl3, *lis.* A^2Fl.

83, lig. 3, et celle du, *lis.* et de celle du.

— lig. dernière, solube, *lis.* soluble.

86, lig. 11, stilbite farineux analysé, *lis.* stilbite farineuse analysée.

87, lig. 7, parenthine vitreuse, *lis.* paranthine vitreux.

93, lig. 6 d'en bas, d'obtenir, *lis.* de l'obtenir.

97, lig. 1, ainsi que la, *lis.* ainsi que de la.

— lig. 7, de corps, *lis.* des corps.

98, lig. dernière, on peu, *lis.* on peut.

102, lig. 7, acide chromique 9, *lis.* acide chronique 6.

— lig. 8, oxide de chrôme vert 2, *lis.* oxide de chrôme vert 3.

— lig. 38, oxide de cadmium 3, *lis.* oxide de cadmium 2.

Page 102, lig. dernière, yttria 3, *lis.* yttria 2.

103, lig. 22, 2483, *lis.* 2486.

104, lig. 4 d'en bas, stanum, *lis.* stannum.

108, lig. 9-10, *lis.* d'essais analytiques déjà publiés sur les, etc

110, lig. 1-2, que la manière de voir, *lis.* que la manière du chi-miste et celle du minéralogiste proprement dit à considérer les mêmes objets, etc.

— lig. 10, chimiste et minéralogiste, *lis.* chimiste ou comme minéralogiste.

111, lig. 4 d'en bas, peut donc l'opinion, *lis.* peut donc avoir l'opinion.

116, lig. 15, organique, *lis.* inorganique.

118, lig. 13-14, la même loi..... unité, *lis.* la même loi, que l'un d'eux doit toujours être unité, a également lieu.

119, lig. 5 d'en bas, grammatit, *lis.* grammatite.

129, lig. 5, la péridote, *lis.* le péridot.

131, lig. 16, mettez une virgule après le mot inexacte.

141, lig. 4 d'en bas, serpentin, *lis.* serpentine.

147, lig. 12, *lis.* le sulfate de potasse se combine avec le sulfate d'alumine, par l'opposition, etc.

148, lig. 11-12, grammatite, *lis.* malacolithe.

151, lig. 8 d'en bas, registre, *lis.* tableau alphabétique.

154, lig. 5, *lis.* sur la composition et sur un arrangement en groupes ayant de l'analogie.

156, lig. 4, schedium, *lis.* scheelium.

158, lig. 9, solubles, *lis.* insolubles.

— lig. 10, insolubles, *lis.* solubles.

165, lig. 5, *minéraux*, lis. *minerais*.

— lig. dernière, qui sont, *lis.* qui ne sont.

166, lig. 9, ALKALOIS, *lis.* ALKALINS.

167, lig. 11, produisant, *lis.* produisent.

170, lig. 10, d'un, *lis.* du.

— lig. 9 et 19, chrysoberylle, *lis.* chrysoberyl.

173, lig. 13, per, *lis.* par.

— lig. 14, réagents, *lis.* réactifs.

174, lig. 1, classe des sels, *lis.* classe.

179, lig. 8, Broignart, *lis.* Brongniart.

182, lig. 5-6 d'en bas, *lis.* par celles d'un de leurs oxides, celui qui est doué, etc.

192, lig. 9, organiques, *lis.* inorganiques.

201, lig. 11, PS², *lis.* PbS².

Page 201, lig. 18, $\ddot{C}u^3$, *lis.* $\ddot{C}u^2$.

208, 209, lig. 9, $\ddot{M}n\ddot{S}i^2+6Aq$, mgS^3+3Aq, *lis.* $\ddot{M}n^1\ddot{S}i^2+6Aq$, $mgS+Aq$.

211, lig. 11, Afh. IV, *lis.* Afh. VI.

213, lig. 2, IV p., *lis.* IV p. 268.

— lig. 3, — *lis.* IV p. 217 et p. 388.

— lig. 4, — *lis.* IV p. 192.

— lig. 7, Ficinus, *lis.* Ficinus.

— lig. 19, Afh. IV, Almor., *lis.* Afh. IV, p. 338, Almroth.

— lig. 21, $4MS+S$, *lis.* $4MS+FS$.

217, lig. 6, $\ddot{C}a\ddot{U}^2+6Aq.5$, ôtez le 5 et observez que la citation à droite appartient à l'espèce précédente.

222, lig. 7, $\ddot{C}a$, *lis.* $\ddot{C}a$.

223, lig. 3, 120, *lis.* 170.

226, lig. 2 d'en bas, mellilithe, *lis.* mellite.

227, lig. 20, la première, *lis.* les premiers.

— lig. 21 la seconde, *lis.* les secondes.

242, lig. 4, et où l'on, *lis.* et l'on.

243, lig. 6, ^2CS, *lis.* CS.

244, lig. 20, 21, Schwartzgültgerz et Graugültgerz, *lis.* Schwartzgiittigerz et Graugiiltigerz.

245, lig. 1, Graugütfigerz, *lis.* Grangiiltigerz.

256, lig. 5 d'en bas, remplis, *lis.* rempli.

    lig. 4 d'en bas, pesés, *lis.* pesé.

260, lig. 3, agmentant, *lis.* augmentant.

269, lig. 6 d'en bas, mormorsgrofra, *lis.* mormorsgrufva.

297, lig. 3, l'oxalate, *lis.* l'oxalate d'ammoniaque.

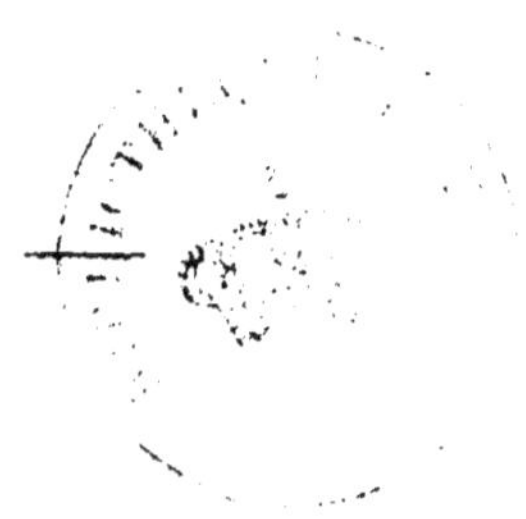

TABLE DES MATIERES.

———

FIN DE LA TABLE.

De l'imprimerie de CELLOT, rue des Grands-Augustins, n° 9.

www.ingramcontent.com/pod-product-compliance
Lightning Source LLC
LaVergne TN
LVHW021515170726
843501LV00004B/877